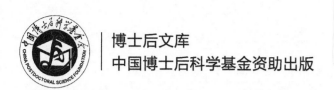

博士后文库
中国博士后科学基金资助出版

城镇供水管网系统模拟理论与工程实践

舒诗湖 著

科学出版社
北京

内 容 简 介

本书详细介绍了供水管网系统仿真模拟的技术理论,包括数学模型、优化算法和不确定性分析理论等;详细描述了管网建模的技术过程,包括模型系统构架与顶层设计、数据采集与录入、现场测试、水量分配、参数设置、模型校核、模型应用和模型维护等;重点介绍了管网水力模型在规划设计、运行调度中的应用案例,分享了世博园区供水管网水质模型建设与应用探索。

本书可供水务运营企业、规划设计单位、工程咨询机构和政府管理部门的技术人员和管理人员使用,也可供高等院校有关师生参考。

图书在版编目(CIP)数据

城镇供水管网系统模拟理论与工程实践/舒诗湖著 . —北京:科学出版社,2021.9

(博士后文库)

ISBN 978-7-03-069002-9

Ⅰ.①城… Ⅱ.①舒… Ⅲ.①城市供水系统-管网-系统仿真-研究
Ⅳ.①TU991.33

中国版本图书馆 CIP 数据核字(2021)第 106727 号

责任编辑:周 炜 梁广平 罗 娟 / 责任校对:任苗苗
责任印制:吴兆东 / 封面设计:陈 敬

科 学 出 版 社 出版
北京东黄城根北街 16 号
邮政编码:100717
http://www.sciencep.com

北京中石油彩色印刷有限责任公司 印刷
科学出版社发行 各地新华书店经销

*

2021 年 9 月第 一 版 开本:720×1000 B5
2022 年 9 月第二次印刷 印张:14 1/4
字数:300 000

定价:108.00 元
(如有印装质量问题,我社负责调换)

《博士后文库》编委会名单

《博士后文库》序言

1985 年，在李政道先生的倡议和邓小平同志的亲自关怀下，我国建立了博士后制度，同时设立了博士后科学基金。30 多年来，在党和国家的高度重视下，在社会各方面的关心和支持下，博士后制度为我国培养了一大批青年高层次创新人才。在这一过程中，博士后科学基金发挥了不可替代的独特作用。

博士后科学基金是中国特色博士后制度的重要组成部分，专门用于资助博士后研究人员开展创新探索。博士后科学基金的资助，对正处于独立科研生涯起步阶段的博士后研究人员来说，适逢其时，有利于培养他们独立的科研人格、在选题方面的竞争意识以及负责的精神，是他们独立从事科研工作的"第一桶金"。尽管博士后科学基金资助金额不大，但对博士后青年创新人才的培养和激励作用不可估量。四两拨千斤，博士后科学基金有效地推动了博士后研究人员迅速成长为高水平的研究人才，"小基金发挥了大作用"。

在博士后科学基金的资助下，博士后研究人员的优秀学术成果不断涌现。2013 年，为提高博士后科学基金的资助效益，中国博士后科学基金会联合科学出版社开展了博士后优秀学术专著出版资助工作，通过专家评审遴选出优秀的博士后学术著作，收入《博士后文库》，由博士后科学基金资助、科学出版社出版。我们希望，借此打造专属于博士后学术创新的旗舰图书品牌，激励博士后研究人员潜心科研，扎实治学，提升博士后优秀学术成果的社会影响力。

2015 年，国务院办公厅印发了《关于改革完善博士后制度的意见》（国办发〔2015〕87 号），将"实施自然科学、人文社会科学优秀博士后论著出版支持计划"作为"十三五"期间博士后工作的重要内容和提升博士后研究人员培养质量的重要手段，这更加凸显了出版资助工作的意义。我相信，我们提供的这个出版资助平台将对博士后研究人员激发创新智慧、凝聚创新力量发挥独特的作用，促使博士后研究人员的创新成果更好地服务于创新驱动发展战略和创新型国家的建设。

祝愿广大博士后研究人员在博士后科学基金的资助下早日成长为栋梁之才，为实现中华民族伟大复兴的中国梦做出更大的贡献。

中国博士后科学基金会理事长

前　　言

　　管网建模是进行管网分析的基础，也是智慧水务、智慧管网的核心。管网水质模型是很多自来水公司面临的新课题，建立一个准确实用的水质模型并在实际生产中进行有效的应用，是一项很有意义的工作。本书以笔者博士和博士后论文以及 10 多年的科研成果与工程实践为基础，将供水管网系统模拟理论分析与工程实践、优化设计与科学管理融为一体，并吸纳国外最新观念和成果，全面阐述管网建模的技术流程、模型的校核方法和模型的维护，构架管网建模的体系，还利用上海世界博览会契机进行了水质建模工作，并以此为基础阐明管网水质变化及水质计算问题。这是一部技术理论与工程实践相结合的专著，将有助于管网系统模拟理论的应用与发展。

　　本书以国家高技术研究发展计划（863 计划）项目"配水管网水质保障技术（2007AA06Z303）"为依托，主要对城市供水管网系统的水质安全问题进行理论研究并用于指导安全供配水的工程实践，对管网水质生物稳定性计算模型也进行了开拓性研究。

　　本书集成了笔者参与和主持的多个管网建模项目成果，包括"十二五"国家水专项管网子课题"供水管网水质安全多级保障与漏损控制技术研究与示范"（2012ZX07403-002-05），上海城投"十二五"重点科研课题"上海城投总公司西部地区供水结构研究"（CTKY-重点-2011-01-03），"十一五"国家水专项课题"饮用水区域安全输配技术研究与应用"（2008ZX07421-005），上海市世博科技专项"世博园区直接饮用水与排水安全保障集成技术"（07DZ05804）。上海市地方标准《城镇供水管网模型建设技术导则》（DB31/T 800—2014）亦是由笔者主编，规范了上海市供水管网建模的技术内容，笔者正在主编的中国水协团体标准《城镇供水管网模型构建技术规程》，将对全国供水管网建设具有指导意义。

　　我国供水管网学术泰斗哈尔滨工业大学赵洪宾教授对本书进行了审阅，提出了宝贵意见，并为本书作序。感谢赵洪宾教授在笔者硕博连读期间的培养，感谢同济大学刘遂庆教授在笔者博士后工作期间的指导，感谢硕博连读期间和博士后工作期间课题组兄弟姐妹的帮助，感谢工作单位东华大学朱延平老师和城市水资源开发利用（南方）国家工程研究中心杨坤、刘辛悦、赵欣、严棋、耿冰等同事提供的相关技术资料和文字润色。

本书由中国博士后科学基金资助出版，同时得到东华大学研究生课程（教材）建设项目资助，在此表示衷心的感谢。

由于笔者水平有限，书中难免存在不足之处，恳请读者批评指正。

舒诗湖

2021 年 4 月

序

　　作为生命线工程的城市供水管网系统是一个随时受到诸多方面影响、包含多种要素、具有多样结构和时变联通性的动态、复杂系统。要想对之进行科学的描述、有效的分析、全面的规划和精当的运维谈何容易。

　　基于系统工程思想，现在人们采取的是建立供水管网系统模型并对其进行模拟、计算、分析和指导调度的思路与做法，此可谓近二三十年国内外城市供水系统设计的核心。本书作者舒诗湖博士在哈尔滨工业大学硕博连读的五年期间，进行了城市供水管网系统建模的理论研究，并参与了多座城市（天津、哈尔滨、沈阳、大连、大庆、马鞍山等）供水管网的建模项目。毕业后，他进入同济大学土木工程博士后流动站，在刘遂庆教授指导下参与了上海市中心城区和郊区供水管网模型校核与应用项目。本书是他多年供水管网系统模拟理论研究与实践的结晶。

　　本质上来讲，目前对城市供水系统的复杂性还认识不足，建设一个科学合理的供水管网系统模型，仍然是一个有待进一步研究和解决的重要课题。本书的出版，会起到一种继往开来的作用：一方面可谓对既有供水系统研究范式的一个"总结"，另一方面也会为"智慧水务"工作的更好发展提供理论背景和工作基础。

　　我相信，这部著作的面世，一定会在城市供水理念调整、系统改造、管理创新和服务升级等方面发挥积极的作用。

赵洪宾

2019 年 7 月于哈尔滨

目　　录

上篇　理论研究

下篇　工程应用

上篇 理论研究

第1章 绪 论

1.1 研究背景

针对生活饮用水制定和修订国家标准,是保证广大人民群众饮用水安全的重要措施之一。《生活饮用水卫生标准》(GB 5749—2006)的实施,对维护城乡居民的健康、提高人民群众的生活质量、促进经济社会的可持续发展、维护社会的稳定和安全、构建社会主义和谐社会具有重要的保障作用。

我国水资源分布和水处理设施建设及相关监测设施建设发展不均衡。部分大城市需要长距离引入水质较好的水库水,如黑龙江磨盘山水库输水工程、辽宁大伙房水库输水工程,以及河北岗南、黄壁庄、王快水库输水工程等,很大程度上保障了城市饮用水供水水源。水源变更会引起管网局部压力变化,局部高压可能会导致一些脆弱管道爆管,局部低压不能满足用户用水的需求,因此需要建立管网水力模型,以指导新水源在旧管网上的安全配水。

引进原水水质更好的新水源后,自来水厂通过强化常规处理工艺和引进先进的深度处理工艺,出厂水水质是可以达到《生活饮用水卫生标准》(GB 5749—2006)的。然而,出厂水需经过复杂庞大的供水管网系统长达数十千米的管线才能输送至用户端,水流在管线中的滞留时间为数小时至数天,水在其中可发生复杂的物理、化学和生物变化。当管网水受到二次污染,供水水质即处于不安全的状态。

供水管道在长年的运行中,管道内壁会逐渐生成由沉淀物、锈蚀物、黏垢及生物膜相互结合而成的混合体,其形貌是不规则的环,称为"生长环"。管道内部的卫生状况使供水水质面临恶化风险。对占全国城市供水量42.44%的36个主要城市的调查结果表明,从出厂水到管网水,平均浊度由1.3度增加到1.6度、色度由5.2度增加到6.7度、铁浓度由0.09mg/L增加到0.11mg/L、细菌数由6.6个/L增加到29.2个/L。

建立管网水质安全体系,已经越来越引起各国的重视。为了保障城市供水管网系统的供水安全,特别是保障饮用水的水质安全,必须全面了解供水管网中的水力和水质工况,管网建模是最有效的方法之一。本书在全面掌握和分析供水管网水力、水质资料的基础上,利用计算机建模技术,构建管网系统水力、水质模型,实现了供水管网系统水力、水质的动态模拟,建立了供水管网工况分析数字化平台,并初步用于指导管网系统安全运行的实践。

1.2　我国供水管网系统建模的机遇与挑战

随着城镇化过程的推进，城市用水量持续增加，建立与实际供水管网系统特征相符的动态模型是科学管理、优化设计、优化调度、优化改造（改扩建）、漏损控制及水质分析的基础，是诊断管网异常、提高管理水平和服务水平的保证。

1.2.1　管网建模的机遇

1. 供水安全性急需提高

据《全国城市供水管网改造近期规划（2006 年—2007 年）》对规划范围内 184 个城市的不完全统计，2000～2003 年爆管造成的停水事故达 13.7 万次，管网水质发生二次污染达 4324 次；2003 年供水企业的平均漏报率为 20.5%，因供水管网事故而影响高峰期用水达 21537 次，涉及人口达 3819 万人，因供水压力严重不足而影响供水达 26544 次，涉及人口达 2000 万人。同时，部分城市长距离引水带来新水源在旧管网上的安全配水问题，例如：水源切换引起管网局部压力的较大变化，可能会导致一些脆弱管道爆管；水流方向改变对管网中的沉淀物质和管壁生物膜起到冲刷作用，引起浑水和微生物再生长等水质安全问题。用水安全（保证水量、水压和水质安全）要求的提高加大了供水系统的运行难度，同时也带来管网建模研究与应用的发展机遇。

2. 供水效益亟待提高

在满足用户用水需求的前提下，应尽量减少供水成本。电费在供水成本中所占比例一般为 30%～40%，故降低供水电耗始终是贯彻节能方针、提高供水企业经济效益的重要环节。管网漏失在计算供水成本时往往被忽视，实际上它应该是影响供水企业经济效益最重要的因素之一，一般采用供水产销差代替漏失量进行统计分析。供水产销差过大是长期困扰我国供水行业的问题。近年来随着劳动力价格的提高，劳动力成本成为供水成本中一个不可忽视的项目，而数字化管理则可有效减少劳动力成本。建立在管网动态水力模型基础上的优化调度、优化运行和漏损控制能有效提高供水效益。

3. 管网优化运行具有巨大潜力

我国经济发展迅速、城镇化进程提速、自来水普及率提高迅速，而既有供水系统布局和规划欠科学，管线连接复杂、敷设冗余度高，出现了管网管理困难、事故影响范围大等问题，故应在管网模型的基础上逐步改善管网布局以实现管网的优化运行。

4. 计算机建模及相关技术的快速发展

随着遥测远传设备价格的下降,数据采集与监控(supervisory control and data acquisition,SCADA)系统得到广泛应用并进入实用化阶段;随着计算机及其相关技术的发展,全球定位系统(global positioning system,GPS)、地理信息系统(geographic information system,GIS)和遥感(remote sensing,RS)技术逐步应用于城市供水管网系统建模中;信息技术、传感器、控制等技术的进步,促进了大型系统的控制和管理水平提高;优化技术、模拟技术与计算机技术的发展,为模拟大型动态变化的供水管网系统提供了条件。

5. 国家政策的支持

我国政府十分重视城市基础设施建设,"十一五"期间对水务的总投资超过1万亿元,仅对东北地区管网改造的投资就达100亿元。据《中国统计年鉴2005》统计,2004年我国共有县级以上城市(包括县级市)661个,其中百万以上人口的城市49座①。这些大城市急需管网建模来提高城市供水的生产、管理、服务水平,对于那些中小城市,也有同样的需求。

综上所述,我国供水管网系统建模具有巨大的潜在需求。这种需求给了科研工作者强大的动力和机遇。人们已经认识到,供水管网系统建模,是实现供水管网科学管理的重要工具,是实现数字化、信息化的基础。

1.2.2 管网建模的挑战

早在20世纪90年代,我国已有少数城市进行了供水管网系统建模,但这项工作在全国多数城市没有开展起来。对于已经开展供水管网建模的城市,由于自来水公司缺乏专业的建模与模型维护技术队伍,同时,随着城市规模的不断扩展,供水管网拓扑结构不断变化,用水量布局也随之变化,管网模型的维护任重道远,模型的应用价值也没有完全得到发挥。

1. 模型的动态模拟缺乏长效性

我国是个迅速发展的国家,供水管网不断扩展,用水量布局不断变化,管网的拓扑结构、节点流量不断更新。已建的模型还不能适应主要参数不断变化的状态,影响了它的推广应用。模型的动态模拟缺乏长效性,原因主要有两点:一是基础数

---

① 据《2019年城市建设统计年鉴》,全国有93个城市的城区人口超过100万。

据不完整且不太准确;二是模型校核主要采用人工校核法,在后期模型定期或不定期更新维护时,模型校核达不到预期的精度。

国内有些城市的自来水公司与高校研究机构或工程软件开发商合作开展了管网建模的工程实践。模型建立初期,在合作方有经验的工程师或研究人员的人工校核下,模型精度可以满足应用的要求。但由于城市的发展,供水管网拓扑结构日新月异,甚至水源出现重大变更,模型参数不断变化,模型需要更新维护。大多数自来水公司缺乏有经验的管网模型工程师,因此在后期模型维护时模型校核达不到预期的精度,导致模型失去应有的作用。

针对人工校核的缺点,自动校核方法成为研究的热点。自动校核的目标是在满足水力、水质约束的条件下,使模拟值和实测值差异最小。其通过在一定范围内自动调整模型参数,自动比较调整后的模拟值与实测值,得出最优的模型参数和最优的模拟结果。目标函数是一个最小化问题,因此模型自动校核一般采用最优化方法,常用遗传算法进行求解。

模型自动校核的另一个方法是对管网进行适当的简化。管网 GIS 可以精细到包括入户管,但是建模需要对管网做一定程度的简化,简化程度即模型校核的精度取决于建模的目的和模型的用途。一般来讲,公称直径(公称通径,nominal diameter)DN200 及以上的管段参与建模是比较合适的,模型维护相对容易,也可精细到包括 DN100 的管道。如果精细到 DN50 或尺寸更小的管道,由于这些小管道每天都在变化,模型维护的工作量则将非常巨大,可能导致模型由于不能及时更新维护而失效。

2. 模型指导城市供水区块化亟待研究

实行区块化供水是降低电耗、降低漏耗、提高水质和提高供水效益的重要途径。这已经被国内外城市的实践所验证。区块化供水是未来供水的发展方向。关于如何使用供水管网模型指导城市供水区块化,还需要进行深入的研究。

随着城市规模的不断扩大,城市供水范围不断增大,可能出现相邻城市间管网互相连通的长距离输水的局面,管网水质安全在长距离输配时难以得到保障。建立以配水管网水质在线监测为前提的管网区块化管理模式是保障管网水质的有效方法,通过动态水力计算确定区块规模与边界,利用水质模型提出不同供水条件下的管网区块化管理方案,保障水质安全输配。

3. 管网水质分析的复杂性

管网水质恶化风险引起了人们的关注,但对管网水质的分析及事故追踪问题还没有得到很好的解决。管网水质模型是水力模型的延伸,是非常复杂的课题,尤其是大规模供水管网水质模型的校核,采用遗传算法的自动校核寻优时间较长,往往达不到实用的要求。

关于余氯衰减模型和三氯甲烷模型的研究较多，并初步开始应用。尽管国外已经对管网内微生物生长的模型进行了一定研究，但是相关的动力学参数仍缺乏试验数据支持，应用中应采用相关试验方法进行测定和修正。国外学者建立的微生物学模型中存在大量的未知参数，以至于未能在更大范围内应用，可考虑对模型进行适当简化以满足实用需求。

1.3 供水管网模型的研究进展

城市供水管网系统是一个拓扑结构复杂、规模庞大、用户种类繁多、用水变化随机性强、运行控制为多目标的网络系统。以往，对地下管网的管理多属于经验性管理，难以直接进行试验或大量测试，实现科学的现代化管理十分困难。近年来，随着计算机技术和遥测技术的快速发展，建立供水管网动态模型成为可能。根据输入的动态数据和静态数据，通过计算可得到节点和管段的相关信息，可及时了解整个管网系统的运行情况，为实现管网的实时水力、水质模拟打下良好的基础。

供水管网系统模型是市政工程设计和运行管理的有效工具，已被水务公司、咨询企业和政府部门广泛使用，证明了其可靠性。供水管网建模技术能很好地储存、管理、分析并显示管网工况信息。建立管网模型是为了综合管理管网系统的水压、水量和水质，分析将来可能出现的工况，帮助工程师提出合理的系统设计和运作方案。对于复杂的管网系统，为了保证安全供水和满足不断增长的供水需求，需要对管网系统进行改扩建和系统安全分析。由于系统的复杂性，如果没有准确可靠的管网模型支持，工程师就无法对各种可行方案进行系统性的模拟计算，就很难得出经济有效的解决方案。管网建模技术通常采用开放式的数据库体系，把GIS和资产信息系统技术集合在一起，为管网设计和运营管理的信息化和科学化提供了基础。供水管网模型主要分水力模型和水质模型。

1.3.1 管网水力模型的研究与应用

管网GIS和SCADA系统已经得到广泛应用。随着GIS的出现和不断完善，其强大的空间数据管理和网络分析功能为管网水力计算模型提供了有效的数据管理和组织手段，简化了建模的过程。利用GIS的实际管网图构造出管网计算图形，并从GIS的属性数据库中提取有关数据进行管网建模，即可通过编制计算程序进行管网水力工况分析。供水管网水力模型主要有宏观模型、微观模型和简化模型。

宏观模型根据水源及监测点等信息建模，在供水系统的大量生产运行数据基础上，利用统计分析的方法，建立有关管网参数间的经验数学表达式。它不考虑管网中各节点和各管段的所有状态参数与结构参数，从管网系统整体角度出发，直接描述与调度决策有关的主要参数之间的经验函数关系。宏观模型一般用于需要进行大量水力模拟计算的优化调度,所需数据少、建模快、计算效率高,但适用范围有一定限制。由于是根据管网中所设的测流点、测压点来建模,其输出量也只能是相应节点的压力及管段流量,无法了解整个管网的水力运行工况。

微观模型考虑供水管网的网络拓扑结构,建立在连续性方程、能量方程以及压降方程的基础上,即可以建立与实际管网系统相对应、可计算、可直观显示、可分析的管网数学模型。微观模型尽量完善地用数学模型描述管网中的各个元素,通过水力模拟计算来表征系统中所有供水设施的运行状态,可获得所有管段、节点、水源的工况参数,以及各小时的静态模拟工况和动态实时工况。微观模型是一种精度很高的模型系统,其建立的目的是满足供水管网运行管理的多方面应用需求。目前,微观模型已经进入实用化阶段,是管网规划分析、管网优化(优化设计、优化调度、优化改造)和水质分析的基础。

简化模型是在微观模型的基础上发展起来的。简化模型就是通过参数估计或水力分析,舍去微观模型中对管网工况影响较小的管线,减少微观模型中的节点数和管段数,从而提高管网水力模拟计算的速度,达到用小规模模型模拟大规模供水管网运行工况的目的。简化模型可缩短管网水力计算时间,从而缩短管网水质计算时间,但是会导致管网水力、水质计算精度下降。随着计算方法的不断改进及计算机性能的快速提高,管网水力、水质计算的速度大幅加快,简化模型应用的必要性逐渐减小。然而,对于大规模供水管网系统,适当简化还是有必要的。

1. 在供水规划分析中的应用

国内外关于管网微观水力模型在水源变更情况下安全配水的问题鲜有报道,而哈尔滨工业大学给排水系统研究所在国内几个城市管网建模的工程实践中都遇到水源切换的平稳过渡问题,并对此进行了研究。其中,高金良等研究了配水管网数字分析平台在城市新老水源切换及优化调度中的重要作用,以配水管网微观模型为基础,建立了配水管网数字分析平台,并以东北某特大城市为例,对配水管网进行了多工况模拟计算,将计算结果以多种方式显示,实现了配水管网新老水源切换的平稳过渡及配水管网的优化调度[1]。

水源切换问题属于供水规划分析的范畴,管网微观水力模型在供水规划分析中得到比较广泛的应用,国内管网水力模型在供水规划分析中的应用可以参考刘德钏、王光辉等的学位论文。

除水力模型外,水源切换过程中还会应用一些其他技术手段。郭世娟等分析论证了南水北调工程引江水作为客水在受水区替换原有水源存在的难点,阐述了保障引江水与当地水进行有序切换的各种措施[2]。蒋晓丽在全面搜集、总结、分析各供水系统实际情况的基础上,结合河北省南水北调配套工程规划和保定市南水北调配套工程规划的具体要求,对水源切换后如何处置各供水系统的问题进行了深入的研究,研究的主要工作内容包括:①对现有城市供水工程的基础资料进行调查,并对调查资料进行整理、汇总和分析研究;②运用工程经济学、工程管理学、工程财务学、水资源学等知识分析保定市南水北调工程江水切换对现有供水设施的影响;③结合河北省和保定市南水北调配套工程规划总体要求提出解决问题的初步方案;④运用系统分析的技术方法对方案进行对比分析,制定出最优方案[3]。

魏炜等针对规划管网水力平差的特点,应用 GIS 的分析功能及 EPANET 水力计算软件构建管网的水力平差模型进行规划管网的水力计算,并根据计算结果对管网进行调整,得到满足规划供水量及水压要求的供水管网布置方案,为供水规划管网设计提供了科学的依据[4]。在 B 市再生水管网规划设计中,魏炜等通过 GIS 建立规划管网的 EPANET 水力模型,消除了管网多水源供水、回用范围大、环状支状管网混合、结构复杂对水力计算的不利影响;对节点压力、管段流速和水力坡降(水头损失)等水力计算结果进行分析,通过调整初始设计中不合理的管段管径以及根据城市地形分布将再生水管网划分为 4 个弱连接的供水分区,解决了再生水厂多集中在地形较低的东部地区和大范围回用高程变化所带来的管网压力过高的问题,提高了管网设计的合理性,降低了管网的投资和运行成本,研究中应用的方法和过程具有通用性,可以用于有压供水、再生水管网系统的模拟[5]。信昆仑等针对北京市再生水回用管网系统的规划问题,以 GIS 为技术手段,建立了 Geodatabase 格式的规划数据库,构建了再生水回用管网的 GIS 几何网络模型;基于土地利用规划,提出了利用划分泰森多边形进行节点回用水量统计的方法;结合水力计算模型,对再生水回用管网供水分区划分方案进行调整,并以冬季工况进行校核;利用管网水质计算模型模拟了冬、夏季工况的余氯衰减情况,并提出了再生水厂出厂水的余氯浓度控制值[6]。郭坤结合自己的使用经验介绍了奔特力-海斯德工程软件公司的建模软件 WaterCAD 在供水系统规划中的应用,该软件可以实现供水管网的动态分析和仿真,对管网系统进行校核和优化设计[7]。

2. 在管网优化中的应用

1)优化设计

在供水管网优化设计阶段,需以最优管网布置形式为基础,通过管网水力计算确定有关技术参数,主要解决管径最佳组合问题,寻求系统造价的最优设计方案。管网优化设计模型和算法在工程实践中已得到应用。

管网优化设计模型大致分为数学规划模型和非数学规划模型。其中,应用最广的是基于数学规划技术的优化模型,如基于线性规划(linear programming, LP)、非线性规划(non-linear programming, NLP)、动态规划(dynamic programming, DP)、整数规划(integer programming, IP)和生物进化规划等建立的模型;非数学规划模型大多是基于工程经验和观察所总结的经验性方法,或者是用于特定网络结构的启发式方法。

近年来,生物进化规划得到较大发展。Savic 等和 Wu 等都利用遗传算法(genetic algorithm,GA)对供水管网优化设计模型进行了求解[8,9]。相对于传统的线性、非线性规划算法,遗传算法的优势在于:①算法思路简单,不受规划问题所要求的可微、可导、连续等限制,不但可以避免线性规划解的"瓶颈"问题,也可避免非线性规划对连续管径进行"圆整"带来的麻烦与偏差;②由于遗传算法从一组方案出发,扩大了搜索寻优的范围,减少了传统规划方法线式寻优产生的局部最优解与全局最优解差距较大的风险。遗传算法的不足在于耗机时太多,对大型复杂管网更是如此。这主要由于该算法贯穿了概率的思想而不似传统方法具有确定性。随着研究者在这一领域的不懈努力,供水管网优化设计计算的方法日趋丰富,并逐渐由单目标优化向多目标优化发展。然而,也有研究者指出,管网优化设计的理论研究很多,但是几乎未取得很好的工程应用,并分析了相应的原因。

2)优化调度

管网系统优化调度是供水管网系统优化研究的另一个重要发展方向。优化调度是指在供水管网管径已经确定的前提下,通过优化水泵的运行控制来实现管网运行最经济的过程。由优化调度模型,可根据供水管网用水量来改变水泵的启动运行方式,在确定的水泵组合情况下计算分析管网系统的运行费用;也可通过优化调度方案,确定选用合适的水泵机组,使之在既定条件下保持高效运行,以达到降低管网运行费用的目的。

供水系统优化调度是一个多目标的动态的非线性规划问题,根据所确定的不同决策变量而有不同的优化调度建模方法,但大体上可分为直接优化调度和二级(或间接)优化调度。直接优化调度是将整个供水系统一起建模,直接寻求水泵的优化组合方案,在保证供水管网所需的流量和水压条件下,使运行费用最小。这类模型以各泵站内同型号泵的开启台数和单泵流量为决策变量,模型中既有离散变量又有连续变量,属于混合离散变量非线性规划问题,求解比较难。

二级优化调度模型是将供水系统分成管网和泵站两个子系统,第一级以各泵站在不同时段的供水流量和供水压力为决策变量,求出各泵站流量和压力的优化分配;第二级寻求各泵站的水泵优化组合方案,使各泵站在安全运行和运行费用最小的条件下,达到供水管网所需的流量和水压;二级优化调度模型的求解相对容易,计算速度快。

根据所建模型的不同,可采用不同的优化算法,目前主要采用的有动态规划法、非线性规划法、混合离散变量法和遗传算法。Lansey 等和 Ulanicki 等研究了单水源和多水源情况下的水泵优化调度,取得了满意的结果[10,11]。遗传算法在优化调度模型求解中得到了很好的应用,对于处理非连续变量尤其有利。Ilich 应用遗传算法进行了供水系统水泵优化控制的计算[12]。国内管网水力模型在优化调度方面的具体应用可以参考吴学伟、吕谋、周建华、高金良、孙文深、吴晨光、向高等的学位论文。

　　3）优化改造

　　关于供水管网优化改造,Li 在 1992 年确立了以管网性能指标改善程度为目标函数、以改造成本为约束条件的优化决策模型,Engelhardt 等则在 1999 年以管网改造成本最小化为目标函数、以管网性能参数为约束条件来建立管网改造决策模型,Kleiner 等将遗传算法应用于供水管网改造中[13]。以上均为单目标模型,对于多目标模型的求解仍然比较困难,这也使得多目标优化的理论在供水管网优化改造中应用不多。

　　我国供水管网改造问题既有其普遍意义,也存在独有的特点,虽然长期以来供水管网改造问题一直是供水领域的一个主要研究方向,但是研究思路拓展不够,借鉴相关领域的研究成果较少,研究主要局限于优化改造模型的建立方法及求解方法上,对模型建立的前提条件（如管网静态数据分析结果、工况分析结果等）的研究较少。同时,传统的供水管网优化改造模型为单目标优化模型,其不足表现在两方面:一是模型本身的缺陷,二是求解方法的缺陷。

　　针对上述问题,金溪着重从供水管网优化改造的决策变量选取和多目标优化模型的建立与求解两方面入手,进行深入研究。通过将管段老化统计学模型、网络可靠度计算、多目标优化模型建立与求解理论引入供水管网优化改造问题的解决体系,将管网优化改造问题的优化内容进行扩展与完善,完整地建立了从决策变量的科学选取、多目标优化模型的建立到多目标优化模型求解的系统的管网多目标优化改造方法[14]。

　　总之,管网水力模型是管网优化的基础。管网优化从单目标向多目标发展,并采用先进的优化算法求解,虽然得到一定程度的应用,但是总体上来说,应用成功的例子不是很多。管网水力模型在供水规划分析方面具有较大的潜在市场,特别是国内大多城市都面临水源变更的问题,水源变更也相应带来管网改造问题。伴随着水源的变更,净水厂的位置和各水厂之间的供水比例也进行了调整,在这种情况下供水管网运行工况将发生大的变化,原有管网的拓扑结构如果不能适应这种变化则可能严重影响供水服务质量。在这种情况下,需对管网进行适当调整改造以适应这种改变,从而达到安全可靠供水的目的,应用水力模型指导水源变更下管网系统的安全运行意义十分重大。

1.3.2　管网水质模型的研究与应用

　　配水管网系统的水质分析基本上有两种方式:一种方式是直接在供水管网中进行抽样测试;另一种方式是利用计算机数学模型进行水质模拟。前者通常是根据管网系统的具体应用和有关水质标准及规定,选择某些水质参数进行验证,其主要目的是管网水质监测,有广泛的应用领域。虽然这种方法有不可替代的作用,但有监测费用过高、在实际工程中受限制过多等诸多缺点。

由于城市供水管网系统十分复杂、庞大,仅靠有限的监测点进行水质变化情况人工监测,达到实时、全面地掌握整个管网系统的水质状况是十分困难的。然而,就像管网系统水力分析能够很好地估算出管网系统的水力工况变化一样,可以运用计算机技术,在管网水力模型的基础上建立管网水质变化的数学模型,从而推算出管网各个节点的水质状况,评估整个管网系统的水质情况。建立真正反映管网水质变化的动态水质模型以及完善模型的校核是研究的热点。

管网水质模型已逐渐成为预测供水管网系统中水质随空间和时间变化的有效工具。此类模型大体上可分为两种类型:一类研究影响管网水质的化学、物理特性的变化和转化过程;另一类研究管网中水质的生物稳定性。

1. 国外研究进展

国外学者对管网水质模型的研究起步较早,从 1980 年 Wood 提出基于稳态水力模型的水质模型[15]后,1986 年 Clark 等提出了一个能够在时变条件下模拟水质变化的模型,Grayman 等在 1988 年提出了一个类似的水质模型[16]。对水质建模的研究,主要分为稳态工况下的水质模拟计算和动态工况下的水质模拟计算,这两种工况下水质模拟的基础分别是稳态水力模型和动态水力模型。Chun 于 1985 年提出稳态工况下计算供水管网水质问题;Males、Shah 等分别对供水管网的稳态工况下水质模拟计算做了研究[17]。对动态工况下进行水质模拟计算的主要有 Shah、Hart、Liou、Grayman 等。其中,1993 年和 1996 年 Rossman 等的研究成果代表了动态工况下水质模拟计算的主要成就[18,19]。稳态工况下的水质模拟可以模拟污染物在管网中的分布情况,但是因为管网的水力工况一般是变化的,所以现在应用较多的是基于动态工况下的水质模拟。

对水质模拟计算算法的研究,很多学者提出了各种计算方法。例如,Grayman 等提出稳定水力状态下的计算方法,Rossman 等提出动态水力状态下的计算方法。由于在不同的时段节点用水量及阀门、泵的开关调度是变化的,供水管网的水力状态一般采用动态模拟计算,要求根据动态水力工况进行水质模拟。动态水质模拟计算中,得到比较多认可的是 Rossman 等在 EPANET 中采用的拉格朗日时间驱动的动态计算方法。1993 年 Rossman 等提出离散体积法进行水质模拟计算,在求解管网水质动态模型的数值计算方法中,主要有欧拉有限差分法、欧拉有限体积法、拉格朗日时间驱动法、拉格朗日事件驱动法等四种。欧拉有限差分法利用空间网格和时间网格对管网进行剖分,通过边界条件逐步推导所有时间点和空间中的水质状况。欧拉有限体积法将管段剖分成等体积的微小体积元,认为体积元内浓度一致,体积元之间完成浓度混合和质量传递。拉格朗日时间驱动法将模拟时间段离散化,在微小时间段内认为管网浓度不发生变化,而时间段之间,各管网元件依据水质模型发生浓度变化,从而在模拟时间段内完成整个管网的水质状态更新。拉格朗日事件驱动法是将整个管网引起管网水质变化的事件排成队列,这个方法与拉格朗日时间驱动法的区别在于它不是以时间作为驱动因素,而是在管段离散元素完全进入下游节点时才更新下游节点的水质状态。Rossman 等对这四种方法的优劣分别做了比较,认为这四种方法对于水质模拟的准确程度大部分都是相同的,只有欧拉有限差分法偶尔有尖锐的浓度曲线折点,欧拉有限体积法偶尔加速了浓度的变化;这四种方法都能够充分反映实际供水管网观测到的水质特性,其中,拉格郎日法比欧拉法更为有效,特别是在模拟水力停留时间时,拉格郎日时间驱动法是最有效的方法。因此,在 EPANET 软件中采用拉格郎日时间驱动法进行管网的水质模拟计算。

2. 国内研究进展

国内对水质模型的研究起步较晚,20 世纪 80 年代中期,赵洪宾等在研究管道内壁结垢的基础上提出了"生长环"的概念,并通过现场试验推导了余氯在配水管网中的衰减模型[20];直到 90 年代末,国内才建立了几种配水系统水质模型,吴文燕对余氯在配水管网中的变化规律进行了模拟和校核[21],李欣对余氯衰减模型和消毒副产物的前驱物质进行了较深入的研究[22]。由于管网水质模型是一个影响因素较多的系统,因此目前大多停留在研究和小规模的应用阶段,国内外研究的配水系统水质模型中可以应用于实际的为数不多。国内关于管网水质模拟的实际工程应用,可以参考吴文燕的博士学位论文、徐洪福的博士学位论文、赵志领博士学位论文、邓涛的硕士学位论文和博士学位论文[21,23~26]。

3. 水质模型分类

配水系统水质模型,按照模拟系统的水力状态可分为稳态水质模型和动态水质模型,按照研究所涉及的水质参数可分为水龄模型、余氯衰减模型、消毒副产物模型和微生物学模型。

水龄是管网水质的一个重要指标,水龄模型可计算出不同节点的节点水龄。节点水龄指水从水源流到该节点的平均时间。它受到用水量、管网的布局结构、管段长度和管径、清水池的容积等诸多因素的影响,一般的计算方法是采用水力计算得出的流量、流速等结果以及管长等静态数据,通过追踪,得到管网特定节点的水龄值。

目前主要得到应用的余氯衰减模型是一级反应模型,美国环保局的 Rossman 等在 EPANET 中采用了该反应模型[27]。根据许仕荣等的试验数据及相关文章,一级模型对实测数据的吻合程度较好。James 等通过对试验数据的拟合来比较各种余氯衰减模型的准确程度,最终他们认为一级衰减模型模拟精度能够达到要求,并且形式简洁,便于实际应用和模型的校核。

很多关于管网内消毒副产物模型的研究都是根据各种影响因素,利用回归分析或其他统计方法预测管网中的三氯甲烷含量。李欣以三卤甲烷(trihalide methane,THM)的前驱物腐殖酸为研究对象,确定 THM 生成的反应级数为二级(相对于氯及前驱物均为一级),引入了 THM 生成能(trihalomethane formation potential,THMFP)的概念,将 THM 的生成作为 THMFP、余氯浓度、滞留时间及温度的函数,并提出了配水管网中 THM 浓度分布的水质模型。李君文等对影响 THM 形成的因素进行了研究,包括加氯量、溴离子浓度、铵根离子浓度、pH、反应时间、温度等。在研究中发现,当管网中存在死水区或水龄较大的区域时,余氯消耗殆尽,THM 往往比较高。Shafy 等研究了 THM 和余氯、水龄的关系,根据他的研究,THM 的浓度与余氯的衰减浓度呈线性关系、与水龄呈指数关系,而且 THM 主要是在管网中形成的,在管网中形成的浓度是在水厂产生的 1.2 倍。2001 年 Rossman 等在实验室构建了一个配水管网,进行了 THM 在管道中和在烧杯中的对比生成试验[27]。未达到 24h 的反应时间时,管道中的消毒副产物浓度略高于烧杯中的浓度;达到 24h 的反应时间后,烧杯中的 THM 浓度和管道中的浓度差别不大。他认为管壁上附着了 THM 的前驱物导致了这种浓度差别,并且可以通过烧杯试验来了解实际管网中 THM 的生成规律。但是 Rossman 等并未明确提出 THM 在管网中的反应规律及生成公式,不能建立有效的计算模型。

微生物学模型研究的范围是细菌等微生物在配水系统中的再生长问题,主要处于定性研究阶段,只有少量研究进行了定量模拟。Piriou 等研究用细菌再生长模型软件 PICCOBIO 来预测配水管网中的细菌变化,在模型中用不同的数学方法表达悬浮细菌和固定细菌的区别,并把反应发生的位置分为溶液中、溶液与生物膜的交界面、生物膜内三个部分。PICCOBIO 可以对配水管网中的水质问题进行研究、诊断和处理,使得对水质变化和管网运行影响的评价成为可能[28]。管网微生物学模型主要有 SSB 模型、SANCHO 模型、CHABROL 模型和 BAM 模型。SSB 模型的核心是生物膜稳态模型,该模型是 Rittman 等在 1980 年建立的,用于描述营养基质通过扩散边界层从水体扩散至生物膜表面与微生物发生生化反应的动力学过程。该一维模型假设基质浓度仅在垂直于生物膜表面的方向上存在变化梯度而不影响该方向上微生物的分布密度。SANCHO 模型以生物可降解溶解有机碳(biodegradable dissolved organic carbon,BDOC)作为管网微生物生长的限制性营养元素,其预测值与实测值之间具有很好的一致性。然而,该模型中存在大量的未知参数,以至于未能在更大范围内应用。BAM 模型的基本目标是考虑某一特定环境条件下微生物群落间的相互作用,可预测生物膜厚度、生物膜中异养菌的空间分布情况以及营养基质的利用情况等,其最大的优势就在于其应用的灵活性,用户可根据实际情况更改模型中的动力学级数和动力学参数。上述这些模型都是基于给水和污水处理工艺过程的生物膜机理模型,Gagnon 等综述了这些建模方法,结论是这些模型都存在明显的缺陷,尤其是模型的复杂性使其难以应用[29]。

因为配水管网中细菌的繁殖与余氯和营养物质密切相关,所以研究余氯对细菌生长的抑制作用和营养物质对细菌生长的促进作用比研究细菌生长更为重要。尤其在当今饮用水水源受到不同程度有机污染的情况下,研究生物可同化有机碳(assimilable organic carbon, AOC)在配水系统中的变化规律、建立配水管网生物稳定性模型尤为重要。

4. 存在的问题

上述水质模型都属于对单物质反应的模拟,没有考虑管网中多种物质间复杂的反应,属于理想条件下的模拟,而且单物质反应水质模拟是基于两点假设之上的,即假设其他反应物过量且反应速率恒定。例如,对于余氯和天然有机物间的反应,单物质反应模型只能模拟余氯的浓度变化,并假设其他反应物过量且反应速率恒定;余氯衰减一级反应模型假设在模拟的各个时段余氯衰减速率常数是不变的,然而很多研究都表明,余氯衰减速率常数随着投氯量的变化而变化,这意味着模型的假设是不成立的。对于多水源的供水系统,单物质反应模型不能反映出不同水源水质成分化学反应的差异。因此,多水源管网系统的水质模拟需要开发多物质反应模型。

另外,传统的管网水质模拟一般基于两点假设:一是水质成分在管段十字交叉的节点处是完全混合的;二是混合过程是瞬间完成的。实际上,交叉节点处的水质混合在多数情况下是不完全混合的,所以对管段十字交叉的节点处水质混合模拟方法的改进也至关重要。本书对上述问题进行了认真研究分析,进行了一定程度的改进。

1.3.3　模型自动校核研究进展

英国 Exeter 大学水系统研究中心的 Savic 以管道 C 值为校核参数,于 1995 年首次提出以遗传算法进行管网模型的自动校核,校核管网包括 242 根管道,197 个节点[30]。Wu 和 Larsen 随后于 1996 年也提出以遗传算法进行管网模型的自动校核。此后,各种不同类型的改进遗传算法被应用于管网模型的自动校核。

王荣和提出以节点流量和管道粗糙系数为控制变量的非线性规划方法进行管网现状分析,并用遗传算法求解,得到较好的结果,但有时对管网末稍的节点不能正确控制,而且大中型管网的计算时间长。

许刚结合一个简单管网模拟了管网运行的多种工况,依据所得数据并使用格雷码编码的遗传算法实现了粗糙系数的校正。由于测量数据个数远多于需要校正的粗糙系数个数,校正值与实际值吻合较好。

由于采用遗传算法的模型自动校核在求解大模型优化问题时进化过程较慢,遗传算法的并行化成为研究的热点。并行遗传算法有以下一些模型:步进模型、粗粒度模型(也称岛屿模型)和细粒度模型(也称邻接模型)。并行遗传算法的发展呈现三个特点:①系统化和模型化,建立并行遗传算法可执行模型,利用可执行模型分析遗传算法的优化过程,指导并行方式和参数的设置;②异步化,各处理器之间以异步方式进行通信,既节省了同步开销,又为在 Internet 的分布计算资源上实现并行遗传算法打下了理论基础;③与局部优化算法相结合,有效地提高求解质量。

为了解决模型校核过程中的参数不确定性问题,一次二阶矩(first-order second moment,FOSM)方法被广泛采用。但是,FOSM 方法依赖一些限制性的假设条件,为了克服这些限制,全局优化算法 SCEM-UA(shuffled complex evolution metropolis)被用于解决模型自动校核过程中的参数不确定性问题。

在管网模型自动校核的过程中,管网中压力、流量和水质监测点的优化布置是很重要的。监测点的优化包括两方面:监测点数量的优化和位置的优化。优化过程采用的算法从神经网络向单目标和多目标遗传算法发展,最新的研究成果是在考虑参数不确定的情况下将神经网络和多目标遗传算法相结合以解决监测点优化问题。

1.4　研究目的与意义

为了保障城市供水管网系统的水力、水质安全,必须全面了解供水管网中的水力和水质工况,管网建模是行之有效的方法。在掌握和分析供水管网水力、水质资料的基础上,利用计算机建模技术构建管网系统水力、水质模型,采用遗传算法进行模型自动校核,实现了供水管网系统水力、水质的动态模拟,建立了供水管网工况分析数字化平台,并初步用于指导管网系统安全运行的实践。

国内大多城市都面临管网水力、水质安全的保障问题,本书旨在建立较高精度的供水管网工况分析数字化平台,并用于指导城市管网系统安全供水实践,为国内和国际上具有类似问题的城市解决同类问题做有益的技术参考。

第2章　管网模型参数实测与水力模型建立

管网水力模型的核心是管网水力平差计算,管网平差是指在按初步分配流量确定管径的基础上,重新分配各管段的流量,反复计算,直到同时满足连续性(节点)方程组和能量(环)方程组的环状管网水力计算过程。目前,常用的管网平差计算方法有哈代-克罗斯(Hardy-Cross)法、牛顿-拉弗森(Newton-Raphson)法、线性理论(linear theory)法、有限元(finite element)法和图论(graph theory)法。自哈代-克罗斯法问世以来,平差理论发展已比较成熟,但实际管网的微观建模问题仍没有很好解决,原因主要是管网和用户用水的动态变化性、随机性过强以及管网中不确定性因素过多,给管网中节点流量计算带来很大困难。

建立供水管网系统微观动态水力模型,可产生良好的效益,具有重要的实践意义:管网图文数据库便于资料的日常管理及管网维护等;供水管网系统动态分析平台使调度人员、管理人员可以了解配水系统特性,进行现状分析,评价其服务水平;供水管网事故处理分析系统可迅速地给出最优关阀方案,用以指导管网抢修和维护,评估事故时系统的供水能力和服务水平;可评价新建水源和配水系统的选择方案,衡量现有改扩建方案的效果,评价漏失控制方案,了解供水路径,分析管网水质,为实现供水管网系统优化运行控制奠定基础等。

针对管网建模基础资料准确性不足的问题,本章对模型基础资料和关键参数进行了大量的实测工作,内容包括管道摩阻系数、阀门阻力系数、大用户用水量变化规律、水泵特性曲线,关键节点高程 GPS 实测等。在全面掌握和分析供水管网水力资料的基础上,利用计算机建模技术,构建管网系统水力模型,通过管网模型系统和 SCADA 系统的接口设计,实现供水管网系统水力工况的动态模拟。

2.1　建模技术流程

建模技术流程如图 2-1 所示。

水力模型建模主要技术步骤如下。

(1)输入供水管网静态、动态信息。

(2)应用专用模块建立管网基本方程组。

(3)求解管网基本方程组,进行管网运行工况模拟计算,求得各管段的流量、流速、水头损失、各节点压力[①]。

---

① 管网中各节点的压力以水头表示,单位为 m;压差体现水头损失。

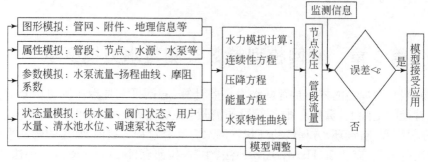

图 2-1　建模技术流程

(4)将所得结果与监测数据相比较,求得误差。若误差不符合规定的要求,则适当修改模型参数,并转至步骤(2)。如此反复进行,直到满足要求。

2.2　模型参数实测

管网水力模型建模的理论已经比较成熟,也有很多成功的实例,但是,建立一个精度较高的水力模型不是一件简单的事情。主要原因在于,地下管网看不见摸不着、错综复杂,且由于管理上的不足,自来水公司提供的管网基础资料不仅残缺不全,而且准确度不高、可信度差。此外,自来水公司根本无力提供管道阻力系数等关键参数。

基础资料可信度差主要表现在以下几方面:

(1)管网及其附属设施资料不完备。由于历史的原因,管网及其附属设施资料档案不完备,加之管理机制的问题,管网及其附属设施资料残缺不全。例如,管道连接情况、节点高程、管道和阀门阻力系数等关键资料都很难弄清楚。

(2)水源资料不完善。由于长期形成的"重工程,轻管理"不良习惯,配水源资料不完善,水泵特性曲线缺失,生产日报表不全,监测设备长期荒于管理校核,仪表数据不准确。

(3)用户资料不准确。由于管网及其附属设施资料不完备、准确度不高,一条道路两边或一个区域内用户用水来源不清,给管网平差软件的用水量的节点归纳带来困难;计划的变化往往较实际变化慢,各营业单位为了完成计划数,将罚量均计入水量,甚至将水价高的罚量折成水价低的水量,加之抄表及表本身的错误,各营业所水量统计表的数据可靠度大打折扣,以此数据作为管网平差计算的基础,其计算的结果难免令人存疑;用户的用水类型不同,其用水规律(用水模式)亦不同,不同城市的用户分类也不同,对用户的用水规律缺乏归纳和综合整理,不仅无法实现管网模型动态化,也给管网平差计算结果的精确度带来较大的影响。

(4)小区加压站资料不全。长期以来,城市有关管理部门没有行文对二次供水工程实行统一规划、统一建设和统一规范管理,小区加压站资料不全,加压站数量不准确,加压站内水泵特性曲线缺失且生产报表不全。

为了解决这些问题,必须去现场反复调研,而且对关键的模型参数进行必要的实测。

2.2.1　大用户用水规律(用水模式)实测

大用户用水规律是进行节点流量计算的基础,供水管网中节点流量反映了用户的性质和用水量的分布状态,其计算的准确程度直接影响供水管网计算精度,是正确分析供水管网运行工况的前提。研究用水量变化规律,对掌握城市供水管网系统运行规律具有重要意义。

在多种因素影响下,城市用户的用水量变化非常复杂,给研究用水量变化规律带来很大困难。用户的用水性质决定了各时段用水量的比例,这是一项宏观指标;用户情况的改变也影响用水量变化,如生产规模扩大、生产工艺更新、卫生设施水平及生活习惯变化等;另外,供水设施的完善程度、供水行业的服务水平与管理手段等对用水量的变化也起到重要作用。由此可见,用户用水量虽然变化较大,但对收集到的现场数据资料的分析表明,城市用水也具有其客观规律性。

结合城市用水实际情况,提出用户分类并进行现场实测,为分析该市的用水模式提供原始数据。首先,按《售水量用水性质分类标准》,结合具体城市的用户用水特点,一般将用水分为居民用水、8h 和 24h 工业用水、农业用水、宾馆用水、医院用水、学校用水及无计量用水等情况。根据上述用水情况,将 M 市用户分为商业类、办公类、生活类、学校类、医院类、洗浴类、工业类和服务类共 8 类。从每类用户中挑选几个典型用户安装由哈尔滨工业大学给排水系统研究所自主开发的智能流量数据采集仪(流量 Logger),进行现场实测,每隔 10min 记录用水量数据。仪器分配表见表 2-1,安装信息见表 2-2。

表 2-1　各用水性质仪器分配比例

用水类别	用水性质	分配个数
1	工业	6
2	生活	5
3	商业	3
4	办公	3
5	医院	2
6	学校	3
7	服务	2
8	洗浴	0

表 2-2　仪器安装信息

编号	用户名	用户编号	用水性质	水表口径/mm
1	供电局小区	10000803	生活	100
2	花山白肉市场	10011799	工业	50
3	市国家税务局	10013366	办公	100
4	市红梅大酒店	10157707	服务	50
5	市邮电宾馆	10110950	服务	50
6	工商银行	10099054	办公	50
7	某部华东地勘局	10001839	工业	50
8	马钢工会	10000093	工业	50
9	市污水处理厂	10011796	工业	40
10	4310 厂	10001856	工业	80
11	某科技发展有限公司	10002608	工业	100
12	离退休服务中心	10010094	商业	80
13	农副产品贸易有限公司	10175797	商业	50
14	市旅游汽车站	10120476	商业	50
15	南后干休所	10007733	生活	80
16	师苑新村	10012518	生活	80
17	供电局家属区	10001729	生活	100
18	春天花园	10186398	生活	80
19	市经济适用房发展中心	10137098	办公	50
20	市第二中学	10181678	学校	100
21	市聋哑学校	10001852	学校	80
22	某技校	10007180	学校	80
23	第二人民医院	10008470	医院	80
24	市人民医院	10009436	医院	50

　　现场实测时,每种用水类型都有几个典型用户的用水量实测数据。为使日用水模式曲线更准确、更好地集中某类用户的信息,需对每类用户用水量信息进行综合归类,将每类用户中几个典型用户用水模式曲线归类为一条。为此,采用主成分分析法。计算步骤如下:

　　设 $x_{t,j}(j=1,2,\cdots,J)$ 为某类用户中 J 个实测用户 24h 水量数据序列(NT 个采样点),见式(2-1)。标准化处理得 $X^{*}=(x_{t,j}^{*})_{24\times J}$,见式(2-2),服从 $N(0,1)$ 分布。

$$X=\begin{bmatrix} x_{1,1} & \cdots & x_{1,J} \\ \vdots & \ddots & \vdots \\ x_{NT,1} & \cdots & x_{NT,J} \end{bmatrix} \tag{2-1}$$

$$x_{t,j}^{*}=\frac{(x_{t,j}-\bar{x}_{j})}{\sqrt{\dfrac{1}{NT-1}\sum_{t=1}^{NT}(x_{t,j}-\bar{x}_{j})^{2}}} \tag{2-2}$$

$$\bar{x}_{j}=\sum_{t=1}^{NT}\frac{x_{t,j}}{NT} \tag{2-3}$$

由标准变量形成的样本资料阵求得的协方差矩阵就是相关矩阵,协方差矩阵的估计值如式(2-4)所示。

$$S=(s_{ij}) \tag{2-4}$$

$$s_{ij}=\sum_{k=1}^{NT} x_{ki}^{*}x_{kj}^{*},\quad i,j=1,2,\cdots,J \tag{2-5}$$

用雅可比法(Jacobi method)求矩阵 S 的 J 个特征值 $\lambda_1\geqslant\lambda_2\geqslant\cdots\geqslant\lambda_J\geqslant0$ 和相应的特征向量 $L_i(i=1,2,\cdots,J)$,计算最大特征值对应的主成分的表达式为 $z_1=X^{*}L_1$,转化为百分比,绘制用户用水模式曲线。

按主成分分析法综合同类几个用户的信息,得到工作日用水变化规律曲线。选取最大特征值对应的特征向量,计算各时段用水量的百分比。生活类用户用水量 24h 变化如图 2-2 所示,其他类型用户用水模式曲线依上述方法绘制。

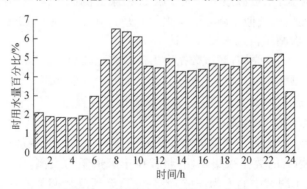

图 2-2　生活类用户用水量 24h 变化

2.2.2　管道阻力系数实测

一般地,用摩阻系数(海曾-威廉系数)C 表征管道的过水特性。但旧管的摩阻系数受管材、管径、使用年限以及流速等的影响而呈现不确定性,给计算带来一定难度。为此,需分析显著影响因素,通过实测方法推求整个管网系统中各管道的摩阻系数 C。根据水力学原理,可按式(2-6)计算管道比阻 K。

$$i=\frac{h}{l}=\frac{10.667}{C^{1.852}D^{4.87}}Q^{1.852}=KQ^{1.852} \tag{2-6}$$

式中, i 为水力坡度; h 为水头损失, m; l 为管长, m; Q 为流量, m^3/s ; C 为摩阻系数; D 为管径, m; K 为管道比阻。

实测得出的是 K 值, 根据式(2-6)转换成 C 值。 K 是管径 D 和摩阻系数 C 的函数, 即 $K=f(D,C)$ 。其中, 摩阻系数 C 的影响因素复杂; 管径 D 从表面上看是确定的简单参数, 但对旧管而言, 由于使用年限不同、水质不同、结垢情况不同, 它的变化也难以确定。

通常实测管道阻力的方法有"二点法"、"三点法"、"四点法"和"五点法"。不同测试方法有其适用条件, 应根据现场勘察结果选择合适的方法进行实测。

这些测试方法依据水力学原理, 结合供水管网的实际情况, 充分利用管网设施, 巧妙解决了管道阻力实测的难题。但是在以往的实测过程中, 发现存在以下不足:

(1)压力测试数据由人工读取, 由于管网中压力有一定波动性, 读取时产生误差。尤其是, 采用"四点法"时, 两管段的压差 Δh_1 、 Δh_2 需同时读取, 而在实际测试中, 这很难保证。对于"三点法", 由于第二点在测压的同时需要放流, 在该点处泄压严重, 测试数据读取的误差较大。

(2)压差测试仪两端水平进水, 混进水中的气体无法排除, 测试一段时间后, 在管内气体的干扰下, 压力波动过大, 导致测试无法进行。

(3)为了消除人为误差, 保证测试数据更符合实际, 需改变放流流量反复测量, 导致测试时间延长, 水资源浪费惊人。以 H 市某处测试为例, 采用消防水鹤(东北地区的消防水鹤作用类似于南方的消火栓)放流, 流量可达 $0.125m^3/s$, 放流时间按 20min 计, 一次测试自来水损失多达 $150m^3$ 。

(4)由于前述三点原因, 测试数据中出现较多无效数据。

本书对阻力测试手段进行了改进。改进的方法主要如下:

(1)改水平进水为倒 U 形进水, 加上顶端排气装置与调节装置, 很大程度上消除了气体与压力波动对测试的影响。

(2)利用哈尔滨工业大学给排水系统研究所自主开发的智能压力数据采集仪(压力 Logger)强大的数据采集功能, 将其用于管道阻力实测, 实现数据的实时记录, 一方面能减小测试中的人为误差, 另一方面无须反复调节流量, 可缩短测试时间, 达到节约水资源的目的。

选择被测试管段的原则如下: 不同敷设年代的管段; 不同管径的管段; 不同管材的管段; 在管网中不同位置的管段; 满足测试的方便性和可能性。根据上述原则筛选出符合要求的管段, 进行现场测试。

1. "四点法"阻力测试实例

测试管段总长 192m, 管径 300mm, 敷设于 1998 年, 与另一 DN300 管道相交,并接有两条入户管。将距测压点 1 西北 68m 处的一消防水鹤作为放流点,水鹤井室内有水表用于计量水鹤所放水量。采用旧方法测试,通过调整水鹤开启度,测得不同流量下的阻力,本次实测共得到 11 组数据,其中有 5 组数据偏差较大。剔除不合理数据,其余数据经加权平均后,得到较合理的结果(表 2-3)。本次测试共进行 2h,放流水量高达 150m³。

表 2-3　"四点法"管道摩阻系数计算表

编号	放流流量 /(m³/s)	$\Delta h_1/\mathrm{m}$	$\Delta h_2/\mathrm{m}$	K	C	$C_{新}/C_{旧}$
1	0.043	0.5	0.19	0.806	95.64	1.359
2	0.051	0.6	0.21	0.831	94.06	1.382
3	0.062	0.71	0.28	0.539	118.85	1.094
4	0.048	0.59	0.19	1.085	81.46	1.596
5	0.047	0.57	0.22	0.755	99.06	1.312
6	0.054	0.62	0.25	0.581	114.16	1.139
统计值	—	—	—	0.766	100.54	1.314

2. 改进后"四点法"阻力测试实例

管段管径 100mm,总长 319m,敷设于 1930 年,沿路接有两条入户管。该管道符合"四点法"测试条件。本次采用改进后的仪器进行测试,结果如下。

图 2-3 是刚开始放流时水头损失的变化情况。从图中可以看出,由于阀门此时正处于开启过程,水流处于变化状态,水头损失波动较大,但总体趋向于增大。

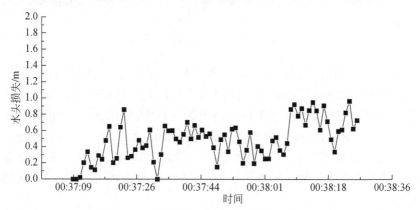

图 2-3　刚开始放流时水头损失变化情况

　　随着阀门开启度确定和放流时间的延长,管道中的水流稳定下来,水头损失也趋于稳定,并在一定范围内小幅波动,如图 2-4 所示。随着放流流量的增大,水头损失也逐渐增大(图 2-5)。

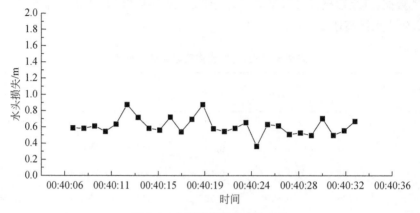

图 2-4　水流稳定后的水头损失

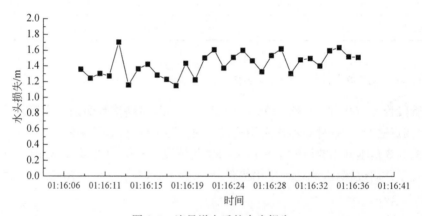

图 2-5　流量增大后的水头损失

　　测试一段时间后,气体在仪器中积聚到一定程度,开始影响管中的压力(图 2-6),导致阻力测试无法进行。此时应当排除仪器中的气体。放流量逐渐增大,当流量大到一定程度时,水头损失超出测量范围,测试无法进行,如图 2-7 所示。再次减小流量时,水头损失又恢复到可测范围,如图 2-8 所示。经过上述分析,管道比阻计算过程如下:①记录水头损失稳定时的时间和放流流量;②统计稳定时段内的水头损失,求得平均值;③按式(2-6)计算管道比阻。测试结果见表 2-4。

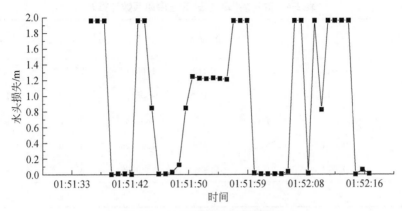

图 2-6　气体积聚对测量的影响

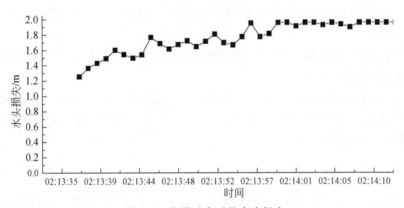

图 2-7　流量过大时的水头损失

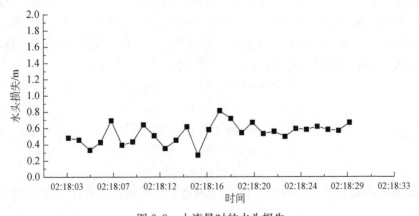

图 2-8　小流量时的水头损失

表 2-4　改进后"四点法"管道摩阻系数计算表

编号	放流流量 /(m³/s)	Δh_1/m	Δh_2/m	K	C	$C_{新}/C_{旧}$
1	0.00012	0.288	0.219	1708.77	27.49	4.73
2	0.00042	0.385	0.163	1508.74	29.40	4.42
3	0.0005	0.446	0.18	1390.24	30.73	4.23
4	0.00066	0.757	0.312	1354.66	31.16	4.17
5	0.00072	0.910	0.381	1343.79	31.30	4.15
统计值	—	—	—	1826.55	30.02	4.34

与旧的测试方法相比,改进后的测试方法具有以下优点:

(1)通过统计分析,可以得到管道中的流态变化情况,以科学地判断、选取水头损失计算值。

(2) Logger 可每秒记录一次,得到的水头损失为统计量,减少人为误差,提高计算值的科学性和精度。

(3)在调查待测管段实际情况的基础上,经过水力分析,判断合理放流量后,在该放流量左右选取二或三个放流量进行放流,以减少放流次数,既能满足测试要求,又能减少水资源浪费。

3. 阻力系数分组方法

根据实测管道的摩阻系数,利用回归分析的方法得到其他管道的摩阻系数,参与管网建模的水力计算。

供水管道内部摩阻系数的变化比较缓慢,特别是对于大管径的管道。为此,把同一管材的供水管道按敷设年代分成五类,分别为 20 世纪 60 年代、70 年代、80 年代、90 年代和 21 世纪前十年。每个年代内管道摩阻系数 C 是管径 D 的函数,C 与 D 呈非线形关系,通过回归分析得到 C 与 D 的函数关系如下:

$$\begin{cases} C_{60}=a_{60}\ln D+b_{60}, & t\geqslant 40 \\ C_{70}=a_{70}\ln D+b_{70}, & 30\leqslant t<40 \\ C_{80}=a_{80}\ln D+b_{80}, & 20\leqslant t<30 \\ C_{90}=a_{90}\ln D+b_{90}, & 10\leqslant t<20 \\ C_{00}=a_{00}\ln D+b_{00}, & t<10 \end{cases} \tag{2-7}$$

式中,a 为不同敷设年代的增长率;b 为不同敷设年代的常数项;t 为供水管道的使用年限。

根据实测数据,利用最小二乘法拟合程序可以得到各敷设年代管道摩阻系数函数关系式中的系数 a、b。未实测的管道可根据管道敷设年代选择相应函数关系式计算出相应的 C 值。C 值的分组也为模型校核时同组参数的统一调整带来便利。

2.2.3　阀门阻力系数实测

阀门通过改变其阻力来实现对流体的控制。在通常情况下,阀门的个数占管网附件的比例很大。因此,获得阀门产生的局部阻力是管网水力模拟计算中不可忽视的任务。

在以往的给水管网计算中,认为管网的局部水头损失是沿程水头损失的 20%。通常情况下,这种估算与实际相差不大。但是在实际管网中,出于调节流量和压力的需要,有很多阀门处于半开甚至全闭的情况,有时出现管网的紧急事故也需要关闭阀门,这样产生的水头损失比正常多几十倍,甚至几百几千倍,对用户用水影响很大。因此,对阀门的水力特性进行实测是非常有意义的。

为了保证管网建模的准确性,对供水管网系统优化控制、减少漏失、减少爆管事故和提高供水效益,必须在管网中选择部分有代表性的阀门进行实验室测试和现场测试,以获得阀门开启度与其产生的局部阻力系数的关系。

1. 阀门比阻

管网建模中关心的是由阀门开启度变化引起的局部阻力变化程度,应寻求能直观反映这一变化程度的物理量,并找出两者之间的数学关系。衡量阀门性能的指标中,只有阀门阻力系数 ξ 直观反映了阀门对水流的阻碍特性。但是,欲求阀门阻力系数 ξ,需知 ξ 对应的断面平均流速 v,v 的测试存在难度,为此提出阀门比阻的概念:

$$h=\xi\frac{v^2}{2g}=\frac{\xi}{2g}\frac{Q^2}{A^2}=SQ^2 \tag{2-8}$$

式中,S 为阀门比阻,计算式为

$$S=\frac{\xi}{2gA^2}=\frac{h}{Q^2} \tag{2-9}$$

阀门比阻与阀门阻力系数都反映了阀门对水的阻碍特性,同时阀门比阻还反映了由阀门开启度变化引起的过水断面变化对局部阻力的影响。

由式(2-9)可以看出,S 是 ξ 和 ξ 对应的断面面积 A 的函数。ξ 应与雷诺数 Re、阀门结构、阀门尺寸 D 和阀门开启状况有关。但是,因受局部阻碍的强烈扰动,雷诺数较小时,局部阻碍处的流动已进入阻力平方区,故一般情况下,ξ 与 Re 无关。对于同类阀门,ξ 与阀门开启度 k 和阀门尺寸 D 有关。而且 ξ 对应的断面面积 A 本身也是阀门开启度 k 和阀门尺寸 D 的函数。显然,阀门比阻 S 是阀门开启度 k

与阀门尺寸 D 的函数,如式(2-10)所示。

$$S=\frac{\xi}{2gA^2}=\frac{\xi(k,D)}{2gA^2(k,D)} \tag{2-10}$$

与阻力系数相比,阀门比阻整体反映了阀门对水流的阻碍特性。且阀门比阻的测试可操作性强,更便于管网水力计算。当阀门尺寸已知时,由式(2-10)得 $S=f(k)$。由质量守恒定律可知,通过阀门的流量等于阀门前管段流量,局部水头损失 h 可以通过测量阀门前后压力得到,于是由式(2-9)可求得阀门比阻 S。根据这个理论,通过试验测试,求得阀门开启度 k 与阀门比阻 S 的数学模型,为管网水力计算提供依据。

2. 阀门阻力系数实验室测试

根据以上理论分析,设计试验系统如图 2-9 所示。水从循环水箱 16 由循环水泵 1 抽取,流经节流阀 2、测压点 4、测试阀门 3、测压点 5、测压点 6、测压点 7、测试阀门 10、测压点 8 和测压点 9 流回循环水箱 16。将测试阀门 3 所在的管段置于测试阀门 10 所在的管段下方,使循环过程满足满管流的条件。水流经阀门后,流动状态将被破坏,为保证阀门出口处的测压值准确,阀门出口处的测压点 5 和测压点 8 与阀门的距离要大于管径的 30 倍。表头 11 显示的读数 Δp_1 是管段 l_{45} 沿程水头损失与测试阀门 3 产生的局部水头损失之和。为获得管段 l_{45} 的沿程水头损失,将

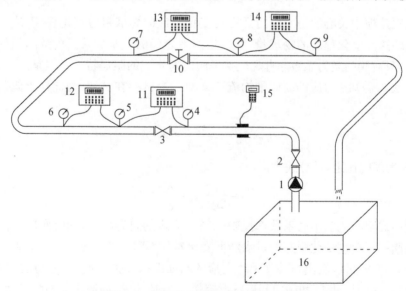

图 2-9　阀门阻力系数测试系统示意图

1. 循环水泵;2. 节流阀;3. 测试阀门;4~9. 测压点;10. 测试阀门;
11~14. 压差传感器表头;15. 超声波流量计;16. 循环水箱

测点 5 置于使管段 l_{56} 的长度为管段 l_{45} 长度 2 倍处,则管段 l_{56} 的沿程水头损失是管段 l_{45} 沿程水头损失的 2 倍。表头 12 显示的读数 Δp_2 是管段 l_{56} 的沿程水头损失。由此,获得了水流经阀门后所产生的局部水头损失 Δp_m。管道中的流量可采用超声波流量计 15 测定。于是

$$\Delta p_m = \Delta p_1 - \frac{1}{2}\Delta p_2 \tag{2-11}$$

则

$$S = \frac{\xi}{2gA^2} = \frac{\Delta p_m}{Q^2} \tag{2-12}$$

在获得压差 Δp_m 与流量 Q 后,可通过式(2-12)获得阀门在每个开启度下的阀门比阻 S。

1)DN150 闸阀阻力实测

将 DN150 闸阀的几何相对开启度按压差的变化疏密分为 20 级。根据上述试验步骤,改变开启度,测得每一开启度下的流量和压差,由式(2-12)计算得到每个开启度下的阀门比阻,结果见表 2-5。

表 2-5　DN150 闸阀不同开启度下的阀门比阻

k	S	k	S	k	S	k	S
1	35.95	0.60	449.63	0.36	1504.33	0.18	13369.33
0.92	96.67	0.52	620.09	0.32	2366.50	0.14	21794.86
0.84	157.95	0.48	716.80	0.28	3414.07	0.12	30475.59
0.76	232.21	0.44	908.51	0.24	5936.02	0.10	64919.83
0.68	293.04	0.40	1153.67	0.20	9656.93	0.06	291810.83

绘制 k-S 散点图如图 2-10(a)所示。由于 S 变化范围太大,进行局部放大以便于观测,如图 2-10(b)所示。由散点图可以看出,S 与 k 大致呈幂指关系,采用 SPSS 软件对 k-S 进行曲线拟合,拟合结果如图 2-11 所示,分析结果见表 2-6。

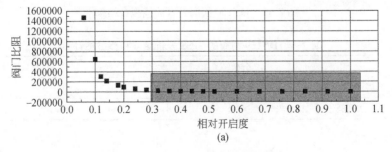

(a)

图 2-10　DN150 闸阀比阻散点图

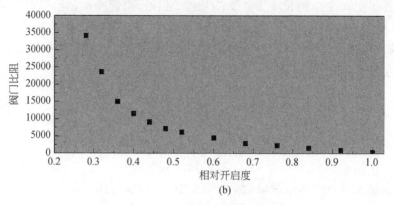

(b)

图 2-10 DN150 闸阀比阻散点图(续)

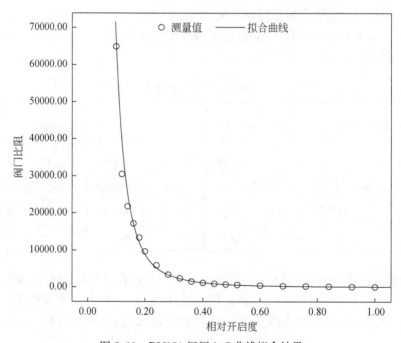

图 2-11 DN150 闸阀 k-S 曲线拟合结果

表 2-6 DN150 闸阀的 SPSS 分析结果和参数估计

模型	分析结果					参数估计	
	R^2	F	df_1	df_2	Sig.	c	b_1
幂	0.988	1508.788	1	18	0.000	80.749	-2.921

从表 2-6 可以看出,k-S 拟合优度为 0.988,表明拟合效果很好。F 检验的结果为 1508.788≫$F_{0.001}$(1,18)=15.38,表明有 99.99% 以上的可信度确认 S 与 k 有式(2-13)所示的关系。同时求得参数为 $c=80.749$,$b_1=-2.921$。据此确定 k-S 的数学模型,见式(2-13)。表 2-7 是试验值与模型计算值对比。

$$S=80.749 \times k^{-2.921} \tag{2-13}$$

表 2-7　DN150 闸阀的阀门误差计算表

相对开启度	阀门比阻试验值	阀门比阻计算值	绝对误差	相对误差
1	35.95	80.75	44.80	1.2461
0.92	96.67	103.02	6.35	0.0657
0.84	157.95	134.37	23.58	0.1493
0.76	232.21	180.00	52.21	0.2248
0.68	293.04	249.10	43.94	0.1499
0.60	449.63	359.05	90.58	0.2015
0.52	620.09	545.37	74.72	0.1205
0.48	716.80	689.02	27.78	0.0388
0.44	908.51	888.41	20.10	0.0221
0.40	1153.67	1173.60	19.93	0.0173
0.36	1504.33	1596.53	92.20	0.0613
0.32	2366.50	2252.13	114.37	0.0483
0.28	3414.07	3326.51	87.56	0.0256
0.24	5936.02	5218.43	717.59	0.1209
0.20	9656.93	8888.50	768.43	0.0796
0.18	13369.33	12091.67	1277.66	0.0956
0.14	21794.86	25194.00	3399.14	0.1560
0.12	30475.59	39522.89	9047.30	0.2969
0.10	64919.83	67318.92	2399.09	0.0370
0.06	291810.83	299334.90	7524.07	0.0258

2)DN100 闸阀阻力实测

将 DN100 闸阀的相对开启度分为 14 级。按同样的步骤,测得每一开启度下的流量和压差,由式(2-11)计算得每个开启度下的阀门阻力系数(表 2-8)。绘制 k-S 散点图如图 2-12(a)所示。由于 S 变化范围太大,做局部放大以便于观测,见图 2-12(b)。由散点图可以看出 S 与 k 大致呈幂指关系,采用 SPSS 软件对 k-S 做曲线拟合,拟合结果如图 2-13 所示,分析结果见表 2-9。

表 2-8　DN100 闸阀的阀门比阻

k	S	k	S
1	47.31	0.32	3108.46
0.90	122.22	0.24	5565.81
0.80	215.79	0.20	9512.06
0.70	328.84	0.15	21256.30
0.60	541.89	0.12	32700.53
0.50	969.62	0.09	73129.94
0.40	1697.35	0.06	115508.71

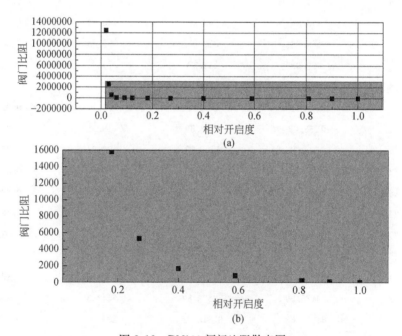

图 2-12　DN100 阀门比阻散点图

表 2-9　DN100 闸阀的 SPSS 分析结果和参数估计

模型	分析结果					参数估计	
	R^2	F	$\mathrm{d}f_1$	$\mathrm{d}f_2$	Sig.	c	b_1
幂	0.981	619.017	1	12	0.000	112.331	−2.675

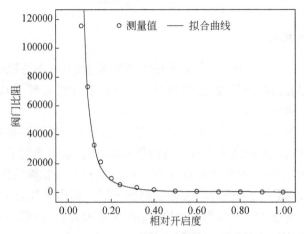

图 2-13　DN100 闸阀 $k\text{-}S$ 曲线拟合结果

从表 2-9 的分析结果可以看出,拟合优度为 0.981,$k\text{-}S$ 拟合得很好。F 检验的结果为 619.017≫$F_{0.001}(1, 18)=15.38$,表明有 99.99％以上的可信度确认 S 与 k 有式(2-14)所示的关系。同时求得参数为 $c=112.331$,$b_1=-2.675$。于是可以确定 $k\text{-}S$ 的数学模型,见式(2-14)。误差计算见表 2-10。

表 2-10　DN100 闸阀的阀门误差计算表

相对开启度	阀门比阻试验值	阀门比阻计算值	绝对误差	相对误差
1	47.31	112.33	65.02	1.3744
0.90	122.22	148.90	26.68	0.2183
0.80	215.79	204.05	11.74	0.0544
0.70	328.84	291.65	37.19	0.1131
0.60	541.89	440.50	101.39	0.1871
0.50	969.62	717.39	252.23	0.2601
0.40	1697.35	1303.13	394.22	0.2323
0.32	3108.46	2367.14	741.32	0.2385
0.24	5565.81	5110.16	455.65	0.0819
0.20	9512.06	8322.32	1189.74	0.1251
0.15	21256.30	17966.17	3290.13	0.1548
0.12	32700.53	32700.54	0.01	0.0000
0.09	73129.94	70453.23	2676.71	0.0366
0.06	175508.71	208422.70	32913.99	0.1875

$$S = 112.331 \times k^{-2.675} \tag{2-14}$$

3. 阀门阻力现场实测

在现场实测阀门的工作中,利用毕托管测得流速,用一点法取得流量,并研制出与毕托管相配合的新法兰盘及其他配件,从而创造性地实现了利用毕托管在室外现场不停水实测阀门阻力。

在以往的工程实例中,测试市政管线流量要么采取超声波流量计,要么采取人工读取水表的方式。超声波流量计自身造价极高,测试前需要对管道进行打磨、改造,而且对测试阀门所在的管道有较高的要求,当管道内壁结垢或腐蚀严重时常导致无法测出读数;利用人工读取水表则精确度不足。利用毕托管的不停水实测方法相比于以往任何的实测方法都更加快速、准确、省时,对用户影响很小,对大规模实测、应用、推广和对城市管网建模都具有重要意义。

普兰特-卡门根据试验资料,提出了适用于紊流全部三个区的流速分布指数公式:

$$u = u_0 \left(\frac{y}{R} \right)^n \tag{2-15}$$

或

$$\frac{u}{v} = \frac{(n+1)(n+2)}{2} \left(\frac{y}{R} \right)^n \tag{2-16}$$

式中,R 为管道半径;y 为从管壁算起的横向距离;u_0 为管轴处的流速;v 为断面平均流速;u 为距离管壁距离 y 处的流速;n 为随雷诺数 Re 改变的指数,见表 2-11。

令 $u = v$,可求得不同 n(或 Re)条件下,点流速与管道断面平均流速相等时的位置,结果见表 2-11。

表 2-11　不同 n 下的 y/R

Re	n	$\dfrac{y}{R}$	$\left\lVert \dfrac{v - u_{0.242}}{v} \right\rVert$	Re	n	$\dfrac{y}{R}$	$\left\lVert \dfrac{v - u_{0.242}}{v} \right\rVert$
4.0×10^3	1/6.0	0.2453	0.23%	1.1×10^6	1/8.8	0.2385	0.17%
2.3×10^4	1/6.6	0.2434	0.09%	2.0×10^6	1/10	0.2367	0.22%
1.1×10^5	1/7.0	0.2423	0.02%	3.2×10^6	1/10	0.2367	0.22%

可以看出,在一般的流速范围,$y/R = 0.2453 \sim 0.2367$,变化范围很小,取平均值 $y = 0.242$ 作为管道断面平均流速的测点,误差在 0.23% 之内。用一点法取得平均流速后,即可求得流量 Q。

阀门阻力现场实测也是基于局部阻力公式,所以只要取得阀门前后两端的压差和流量即可。压差是通过阀门前后测压点的压力表读取读数后相减而获得或者连接前后测压点的压差显示仪来获得;流量是通过毕托管测试,用一点法取得平均流速,进而求得 Q。

通过实测和计算得到不同相对开启度下的阀门阻力系数。根据如图 2-14 所示的散点图的分布情况,可作出拟合曲线预测其他开启度下的阀门阻力系数。

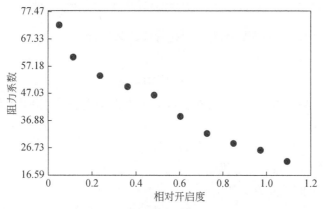

图 2-14　阀门阻力现场测试散点图

2.2.4　水泵特性曲线实测

水泵性能测试的目的是明确它的实际性能,一般最好每两年测试一次。城市供水系统中,水泵动力费用占制水成本的 $30\%\sim40\%$,因此泵站的节能问题应引起重视。水泵的调速运行适于管网流量和扬程变化较大时,使水泵在高效区运行,以节约能耗。调速泵性能测试是泵站优化与节能的重要前提。同时,符合实际的水泵特性曲线也是水力建模所需的关键资料。

选泵原则:全部水泵进行实测工作量太大,也没有必要;有的泵投入使用时间较短,磨损很轻,可以参照水泵样本曲线;对于使用时间相差不多的同类型水泵,可选出有代表性的泵进行实测;还要考虑测试条件和水厂的生产条件,要完全满足测试条件,阀门能正常启闭,可调节记录单台水泵的准确出流量,并且基本不影响生产。

实测原则:清水池水位在允许范围之内;基本保证正常的供水量;保证管网压力不超过允许值,保证管网安全。

测试前检验流量计、压力表、液位计及电力仪表是否正常工作及其计量精度,并校正所有仪表。由于单台泵的泵前泵后均没有安装超声波流量计(或电磁流量计)的空间,测试时须关闭其他水泵,只开启待测水泵,在不同阀门开启度下读取泵后压力表读数,水泵流量为两台出厂总管流量计读数之和。同时,读取电力仪表的读数,计算出功率。还需同时读取吸水井液位计读数。扬程的计算:

$$H=(Z_2-Z_1-h_{水深})+\frac{P_2}{\gamma}+\frac{V^2}{2g} \tag{2-17}$$

式中,H 为水泵扬程,m;Z_1 为吸水井井底标高,m;Z_2 为泵后压力表安装高程,m;$h_{水深}$ 为吸水井液位计读数,m;P_2 为泵后压力表读数,Pa;γ 为水的容重,9800N/m³;g 为重力加速度,9.8m/s²;V 为泵后压力表处水流的速度,m/s,$V=\frac{4Q}{\pi D^2}$,其中,Q 为水泵流量,m³/s,D 为泵后压力表所在管段的管径,m。

功率的计算方法如下:

$$N_0=\sqrt{3}UI\cos\theta \tag{2-18}$$

式中,N_0 为电机输入功率,W;U 为电压,V;I 为平均电流,三相电流的平均值,A;$\cos\theta$ 为功率因素;

$$N=N_0\eta_g \tag{2-19}$$

式中,N 为轴功率,W;η_g 为电机效率,%。

水泵效率 η 的计算方法如下:

$$\eta=\gamma QH/N \tag{2-20}$$

测试时调速泵不能达到工频的情况,可按以下公式变换。变频调速技术的基本原理是,电机转速与工作电源输入频率呈正比关系,$n=60f(1-s)/p$(式中 n、f、s、p 分别表示转速、输入频率、电机转差率、电机磁极对数),其中 s、p 固定不变,所以

$$\frac{n_1}{n_2}=\frac{f_1}{f_2} \tag{2-21}$$

通过流体力学的基本定律可知:泵类设备属平方转矩负载,其转速 n 与流量 Q、扬程 H 以及功率 N 具有如下关系:$Q\propto n$,$H\propto n^2$,$N\propto n^3$,即流量与转速成正比,扬程与转速的平方成正比,功率与转速的立方成正比。

根据以上原理进行水泵测试,测试结果见表 2-12。

表 2-12 工作频率下的水泵性能

编号	流量/(m³/h)	功率/kW	扬程/m	效率/%
1	75.10	74.34	60.21	16.55
2	233.76	96.13	60.16	39.82
3	358.01	115.10	60.16	50.93
4	470.29	134.33	57.83	55.11
5	517.52	140.22	56.65	56.92
6	558.54	145.61	55.45	57.90

续表

编号	流量/(m³/h)	功率/kW	扬程/m	效率/%
7	632.69	154.07	54.29	60.69
8	697.64	160.73	50.80	60.03
9	763.24	166.12	48.50	60.66
10	813.56	172.01	46.18	59.45
11	857.79	175.35	43.86	58.40
12	880.34	178.17	42.70	57.44
13	906.83	178.42	41.54	57.47

根据最小二乘法原理，一厂 4# 水泵测试数据拟合结果见图 2-15。

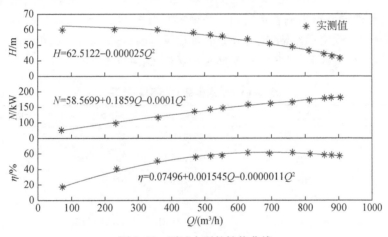

图 2-15　测试水泵的性能曲线

2.2.5　节点高程 GPS 实测

供水管道改建扩建频繁，这使得部分管道的信息不准确，甚至无信息可查。对于需要高程坐标的管段节点处，可利用 GPS 进行坐标测量，为模型实现及模型校核提供重要的基础资料，并为模型建成后实现优化运行控制提供可靠的信息依据。

GPS 实测工作内容包括水厂清水池及出厂压力表的标高、压力监测点的三维坐标、阀门阻力测试点的三维坐标、管道阻力测试点的三维坐标。吸水井池底标高、清水池池底标高、二次加压泵站出水口标高和压力监测点高程等数据的准确性直接影响模型建立的质量。由于年代久远，又缺乏管理，水厂高程信息严重缺失，必须由 GPS 重新测量定位。

供水公司在管理上通常关注相对水压,即自由水头,以确定其服务水头是否能满足生活和生产所需;而管网建模则关注绝对水压,即自由水头与地面高程之和。利用 GPS 测量高程,对计算相对水压和绝对水压都有非常重要的意义。另外,利用 GPS 测量高程对获取阀门和管段阻力系数也有积极意义。

GPS 测量是以世界地心坐标系(WGS-84 坐标系)为依据来测定点的空间位置,它既可用地心空间坐标系表示,也可用椭球大地坐标系的大地纬度、大地经度、大地高表示。在已有常规测量成果的区域进行 GPS 测量时,往往需要将由 GPS 测量获得的成果纳入国家坐标系或地方独立坐标系,以保证已有测绘成果的充分利用。因此,GPS 测量数据处理中,首先必须将 GPS 测量成果由 WGS-84 世界地心坐标系转换至国家或地方独立坐标系。坐标系转换就必须知道七个转换参数(三个平移参数,三个旋转参数,一个尺度参数)。根据已知四个控制点的当地坐标,通过长时间静态观测的方法求出七个转换参数。节点坐标 GPS 实测结果见表 2-13。

另外需要指出的是,用 GPS 定位井室三维坐标(表 2-14)对精确测量管长作用巨大。管长的误差是影响管道比阻的一个重要因素。传统测量管长的方式是以皮尺为主要工具,受交通车辆、街道建筑物如房屋、花坛等的影响,精度往往很低。在本次试验中,用皮尺和 GPS 两种工具测量管长,结果见表 2-15。

表 2-13　节点坐标 GPS 实测结果　　　　　(单位:m)

序号	地点	坐标 X	坐标 Y	大地正高 H
1	第一百货	206242.1621	295675.6894	119.125
2	温州路	191857.5267	299299.7386	171.551
3	先锋	205980.0622	301801.5351	128.052
4	迎宾加油站	199308.5031	290295.8984	136.996
5	集团基准点	205801.0521	295723.9982	187.525
6	四厂清水池顶高	204678.4495	294067.5381	122.966
7	四厂泵站 DN600 压力表	204639.2942	294099.6667	116.963
8	四厂泵站 DN700 压力表	204647.5189	294116.1672	117.744
9	三厂三泵站出厂压力表	201086.6222	294084.1421	137.179

表 2-14　井室三维坐标　　　　　(单位:m)

三维坐标轴	F_1	F_2	F_3	F_4
X 轴	296851.1119	296970.9027	297074.9297	297222.7422
Y 轴	205932.0028	205979.0400	206020.0120	206078.2712
Z 轴	119.3321	120.1006	120.0964	119.9628

表 2-15　管长测量值对比　　　　　　　　　　（单位：m）

测量方式	L_1	L_2	L_3	总长
皮尺测量	126	104	163	393
GPS 测量	128	112	159	399

2.3　供水管网系统动态模型建立

在以上实测的基础上，把管网图文属性资料、用户资料、水厂资料、监测点数据和水泵阀门运行状态等输入建模软件，设置各项模拟参数，即可以实现管网水力动态模拟。

管网水力模拟一般分静态（单工况）模拟和动态（多工况延时）模拟。静态模拟中，管网模型计算出特定工况（如最大时、最小时、平均时或指定时刻）的管网各节点压力和流量；动态模拟中，管网模型按照一定的时间步长（如 15min）计算出一段时间内的管网各节点压力和流量。

静态模拟假定管网的各状态变量（流量、压力、泵运行状况和阀门开启度等）保持恒定，常用来模拟管网中的特殊（如高峰用水、消防用水和事故用水时）工况。

动态模拟时管网的各状态变量在不同时段是有变化的，从而可以对管网进行连续模拟。动态模拟需要管网动态数据的支持，而管网 SCADA 系统则为管网动态模拟提供了所需的动态实时数据。

为保证管网模型软件与 SCADA 系统的顺利对接，需由 SCADA 系统提供给水系统的实时数据。SCADA 系统必须保证所采集数据的真实准确。

SCADA 与管网模型软件在中间数据服务器中建立各自的数据库，互为对方提供只读方式，并负责各自的数据库管理。应用数据服务器的数据库采用 SQL 数据库。

2.3.1　管网和 SCADA 数据要求

1. 主要数据范围

(1)水厂及加压站的进厂流量和出厂流量。

(2)水厂及加压站各稳压井、清水池、吸水井等的水位。

(3)水厂及加压站水泵的开关量和所有出厂阀门的开关量。

(4)水厂及加压站泵房进口真空压力、泵房出口压力、各出厂干线的压力和每台水泵的进出口压力。

(5)水厂及加压站水泵的组合方式,每台水泵的电流和电压以及电机的效率、功率、电量,若为调速泵则应提供转速。

2. 动态数据要求

SCADA 系统所有数据必须对模型系统开放:
(1)所有流量计的瞬时值和累积值(带时间标签)。
(2)所有压力计的瞬时值(带时间标签)。

3. 静态数据要求

(1)管网中所有测压点的压力传感器所在位置的绝对标高。
(2)所有水厂泵站的吸水井及清水池池底所在点的绝对标高。
(3)所有测量泵房进口真空压力、泵房出口压力、各出厂干线的压力和每台水泵的进出口压力的压力传感器所在位置的绝对标高。
(4)所有测压点和测流点竣工后的准确地理位置及其所在管道上的准确位置。

2.3.2　管网模型和 SCADA 接口设计

可以通过开放式数据库互连(open database connectivity, ODBC)接口实现 SCADA 节点和数据库服务器之间的数据通信。ODBC 是 Microsoft 建议并开发的数据库访问 API 标准,它是建立在各种数据库管理系统底层驱动程序之上的一个标准层,对数据库的底层进行了封装,允许应用程序用统一的访问数据标准——结构化查询语言(structured query language, SQL)来访问数据库管理系统中的数据。

SCADA 系统庞大的动态数据量和繁杂的数据维护工作要求采用数据库技术来保证数据的安全性和一致性,同时数据库技术的应用还提高了数据的共享性,减小数据冗余,优化软件结构,并给用户提供了简洁、可靠的界面来进行数据维护,大大减少了数据管理的工作量。SCADA 系统数据库必须为供水管网仿真计算程序动态地提供大量数据,进行实时计算,并把计算结果写回数据库,供图形显示及其他计算调用。管网仿真系统要求实时地反映管网运行过程中的各种工况,针对管网各种运行工况和事故状态,要求数据库合理组织数据,为各种运行工况提供实时快速的数据交换。因此,数据库与其应用程序间的大量数据交换应尽可能地少占用系统响应时间,以提高整个系统的响应速度,达到仿真系统的实时性与快速性要求。SCADA 动态数据库是指,在管网水力模型系统运行时,将数据库读入计算机内存,应用程序直接与内存中的数据库交换数据,大大加快数据存取速度;数据库的设计完全满足在线应用要求,接入 SCADA 系统接口,便可实现在线应用。

第3章　管网水力模型自动校核

供水管网系统模型用于现状分析、优化改扩建、优化调度以及水质分析等之前,必须确保其在一定精度范围内与实际管网运行特征相吻合,这一过程称为模型校核。校核包括两步:比较已知运行条件(包括水泵运行工况、水池水位、减压阀的状态)下压力和流量的模拟值与测量值;调整模型输入数据,使模拟值与观测值在一定精度范围内吻合,模型的准确性判断依据是监测点的模拟值和观测值之间的偏差。

管网模型校核是相当复杂的课题,主要有经验校核和自动校核两种方案。经验校核方法依赖于经验,而且相当耗时。针对经验校核的缺点,采用优化算法进行管网模型参数自动寻优的模型自动校核方法成为研究的热点和未来的发展方向。

本章探讨不同用途模型的校核精度问题,分析目前各种模型校核方法存在的主要问题,即不确定性问题和大模型校核时间过长,并提出相应的对策;介绍遗传算法的基本原理和数学机理,对管网水力模型自动校核进行实例分析。

3.1　管网水力模型校核

供水管网水力模型校核的总体思路:比较监测点的监测值与模型计算值之间的差异,找出存在差异的原因,完善、修正模型、消除或减小差值,直到模型计算值与实测值在误差允许范围内。

由于管网模型的复杂性,结合实际建模经验,将模型校核分为预校核和微观校核。

预校核是指当管网模型的计算值与监测值差异过大时,通过管网水力模拟计算核实基础资料的准确性、查找错误的过程,主要包括以下几个过程:

(1)进行管网水力模拟计算,查找管段信息和节点信息错误,核实网络拓扑结构的正确性等。

(2)分析各节点水压的计算值,判断水泵特性曲线偏差、水池运行条件、边界条件和水泵开启情况的准确性。

(3)核实阀门操作条件是否正确。

微观校核是指当延时模拟计算得到的结果与现场监测点数据相差不大时,通过调整模型中的节点流量和阻力系数,减小计算值与监测值之间的差异,使其在允许精度范围之内。管网模型校核是调整模型参数直至模型在一定精度范围内与实际管网特征相吻合的过程,也是完善模型、调整参数、反复进行水力模拟计算的过程。

通过管网模型校核,可以提高模型的可信性,并可获得管网系统的运行知识或运行机理,为管网研究提供依据。模型可信性是非常重要的,因为管网系统的长远规划和运行费用分析等都依赖于模型的计算结果。若模型未达到规定精度,误差过大,则基于模型的分析结果将误导最终决策。

3.1.1　模型校核精度分析

建立于专业基础上的管网微观模型的模拟计算结果,不一定能与现场实测结果相吻合,导致偏差的因素很多,包括以下几个方面:

(1)基础数据的准确性不足。供水管网系统动态模型的数据非常庞大,来自不同部门,经过逐级的归纳、统计、分析和处理,其中难免出现尚未发现的错误。

(2)管网图简化不完善。大型配水管网系统包括成千上万条管段,一般忽略小管径管线。但管径小的管段不一定对水力条件影响小,按管径的大小取舍的模型若去掉过多的关键性小管段会影响水力条件。Eggner 和 Polkwski 对 Menamonie 市的管网进行了研究发现,当将水源和大用户附近的小管不简化而纳入模型时,模型的准确度将提高。

(3)水泵特性曲线的影响。由于水泵长期运转导致水泵磨损以及技术改造等,水泵样本曲线与实际情况不符,试验绘制的水泵曲线存在量测误差。

(4)节点流量的影响。节点流量是个计算量,将沿管线配水简化为节点配水而得到的节点流量与实际情况存在差异;且管网中不确定性因素很多,影响小量户以及漏失量的部分因素按权值分配不一定完全合理。

(5)管道阻力系数的不确定性。管道阻力系数的变化受敷设年代、管径、管材、流速以及管道内壁腐蚀等影响,因而具有不确定性。

(6)操作条件的不确定性。对管网的操作运行条件,特别是一些阀门的开启度,甚至管线等的了解程度不足。

(7)测量设备所造成的测量误差。任何测量设备都有仪器误差,还有人为的粗大误差,以及随机误差等。

只有对以上影响因素进行细致分析,减小不合理因素对模型的影响,才能逐步提高模型的精度。

模型校核是费时费力的工作,需要到现场寻找可能的原因,如核对拓扑结构、管道属性等基础资料,以及水泵、阀门运行状态是否真实可靠。模型至少需要以两种流量加以校验,通常为平均日用水量和最高时用水量。限于种种原因,不一定能完全找出问题所在,因此允许有残差存在。

　　校核后的模型必须达到一定精度。模型的精度是由实际测量值和模拟值的差值衡量的。关于评价管网模型是否符合实际,国内外都没有出台相应的技术标准或行业标准。但是,一些研究机构根据多年的科研和工程经验,给出了相应的建议值,可供参考。英国水研究中心(Water Research Center,WRC)校核标准包括以下几个部分:

　　(1)流量监测点。当主干管流量大于总用水量的 10% 时,误差取测量值的 ±5%;否则,误差取测量值的 ±10%。

　　(2)压力监测点。85% 的监测点的压力(水头)偏差取 ±0.5m 或整个系统的最大水头损失的 ±5%;95% 的监测点在 ±0.75m 或整个系统的最大水头损失的 ±7.5%;100% 的监测点在 ±2m 或整个系统的最大水头损失的 ±15%。

　　(3)分界线。模拟计算得到的管网压力分界线应与实际情况相吻合。

　　(4)供水趋势。模拟计算得到的供水趋势应与实际情况相吻合。

　　(5)压力分布。模拟计算得到的各节点水压分布情况应与实际情况相吻合,计算得到的高压区和低压区等应与实际情况相吻合。

　　国内供水管网专家赵洪宾教授在十多个城市供水管网系统建模的工程实践基础上,提出了符合我国实际情况的管网水力模型校核精度的建议如下:

　　(1)计算出的各水源出厂供水量、供水压力与实测记录吻合。

　　(2)各压力监测点水压计算值与实测值相比较,100% 监测点的压力实测值与计算值之差 ≤±4m;80% 监测点的压力实测值与计算值之差 ≤±2m;50% 监测点的压力实测值与计算值之差 ≤±1m。

　　(3)各流量监测点流量计算值与实际值相比较,对于管段流量占管网总供水量的 1% 以上的管段,误差<±5%;对于管段流量占管网总供水量的 5‰ 以上的管段,误差<±10%。

　　(4)计算得到的各节点水压分布情况应与实际情况相吻合,计算得到的低压区应与实际情况相吻合。

　　以上标准也不是一成不变的,应根据实际情况决定。建模工程师可以在一种或多种工况下校核模型,为取得良好效果,一般校核的延时模拟时段至少应为连续24h。显然,完成校核所用的工况越多,模型越能反映实际情况,但难度越大。

　　总体来说,模型校核标准取决于建模的目的。不同用途的模型所需的精度是不同的。如果所建的水力模型是用于指导管网规划,那么 100% 的监测点压力实测值与计算值之差在 4m 内都是可以接受的。如果所建的水力模型是用于优化调度的,那么要求的精度就相应比较高。由于模型是真实系统的一个近似,其中含有仪器等误差,因此特别高的精度很难做到,也是没有必要的。

3.1.2 模型校核方法

模型的校核是管网水力模拟的重要部分,供水管网水力模型是基于管网监测点的压力和流量进行校核。管网模型校核是相当复杂的课题,主要有人工校核(trial and error method)和自动校核(auto-calibration)两种方案,校核方法有灵敏度分析法、解析方法、求解管网非线性方程法和最优化方法。

1. 人工校核

人工校核流程如图 3-1 所示,先进行模拟计算,比较模型计算值与实测值,如果不满足精度要求,根据经验调整模型参数,再进行模拟计算,再比较模型计算值与实测值,如此循环往复,直到模型满足精度。

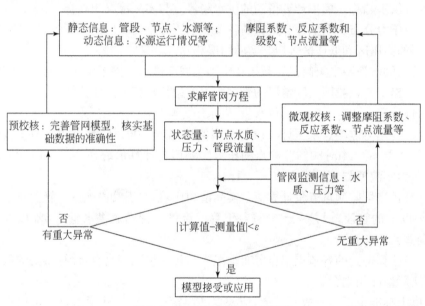

图 3-1　管网水力模型校核流程

人工校核方法依赖于经验,而且比较耗时。国内有些城市供水企业与高校研究机构或工程软件开发商合作开展了管网建模的工程实践。模型建立初期,在合作方有经验的工程师或研究人员的人工校核下,模型精度可以满足应用的要求。但由于城市的发展,供水管网拓扑结构日新月异,模型参数不断变化,模型需要更新维护。大多供水企业缺乏有经验的模型工程师,因此在后期模型维护时模型校核达不到预期的精度,模型失去应有的作用。

2. 自动校核

针对人工校核的缺点,管网模型自动校核成为研究的热点。自动校核的目标是在满足水力、水质约束的条件下使计算值和实测值差异最小。通过在一定范围内自动调整模型参数,自动比较调整后的计算值与实测值,得出最优的模型参数和最优的模拟结果。无论模型精度在模型校核之前定义,还是根据模型校核过程的结果来定义,模型仅能在参数可调整的范围内进行校核,不能超出范围随意调整参数。供水管网模型参数的微量调整可获得符合实际的模拟结果。这样,模型才能够准确地模拟供水管网系统的水力工况。校核后的模型必须达到一定精度。模型的精度是由实测值和计算值的差值衡量的,校核目标是使差值最小化。

供水管网水力模型自动校核是参数优化问题,主要任务是自动调整一系列模型参数,使模型计算值与实测值较好地吻合,数学上描述如下。

求解: $X = (f_i, m_{j,t}, s_{k,t})$

最小化: $F(X)$

式中, f_i 是第 i 组管道的阻力系数或调整系数; $m_{j,t}$ 是第 j 组节点在 t 时间的用水量调整系数; $s_{k,t}$ 是元件 k (管道、阀门和水泵)在时间 t 的运行状态; $F(X)$ 是误差目标函数。

因为目标函数是一个最小化问题,所以模型自动校核一般采用最优化方法。由于供水管网中管段众多,决策变量组成的区间是多维的,如果采用线性规划,梯度法等常规优化方法将导致维数灾难,无法在实际工程中应用。

遗传算法是模拟遗传选择和自然淘汰的生物进化过程的一种全局优化搜索算法,因其简单通用,鲁棒性强,适于并行处理,已广泛应用于计算机科学、优化调度、运输问题、组合优化等领域。为此,遗传算法也广泛用于管网水力模型的自动校核。

3.2　优化过程采用的遗传算法

城市供水管网模型校核参数优化过程一般采用遗传算法求解,因此有必要了解遗传算法的基本原理和数学机理。

3.2.1　遗传算法基本原理

遗传算法是 Holland 在 1975 年提出的一种全局优化算法,该算法的思想是受自然界物种"优胜劣汰"进化原理启发而产生的。对某个种群而言,每个个体适应环境的能力不一样,种群的父代和子代通过基因选择、交叉和变异进行进化,适应能力强的个体将有更多的机会把优势基因遗传到下一代,而适应能力弱的个体将逐渐被自然界淘汰。通过不断地进化和繁衍,物种将更好地适应自然界。

通过数值计算来模仿这种生物进化原理。对于某个工程问题的目标函数,问题的初始解是该问题解集空间的一组备选解。为了引导这组备选解朝有利于最优解的方向进行搜索,人为营造一种适应度环境,根据这组解对目标函数的优劣程度评价其在人为构造适应度函数中的适应度大小,适应度大的备选解将获得较大的概率向子代遗传基因。由于这个概率是随机产生的,暂时适应度小的个体也有机会向子代遗传基因,这样就避免了落入局部最小点,增强了在整个解集空间中的搜索能力,具有全局寻优的功能。与传统的优化算法相比,遗传算法具有如下四个显著的特点:

(1)遗传算法以决策变量的编码作为运算变量,而传统优化算法是以决策变量的实际值作为运算对象。

(2)遗传算法以目标函数值作为搜索信息,而传统的优化算法一方面需要计算目标函数值,另一方面需要目标函数的导数值来计算搜索方向。

(3)遗传算法是并行的优化算法,而传统的优化算法是串行的优化算法。在每一步的进化中,遗传算法种群中多个个体同时进行优化,而传统的优化算法是变量沿某个确定的方向进行。

(4)遗传算法对目标问题的初始值具有很强的鲁棒性,通过进化操作最后都能达到稳定的最优解,而传统的优化算法却对初始值选择有一定的要求。

标准遗传算法基本计算流程如图 3-2 所示。父代和子代间的进化通过选择算子、交叉算子、变异算子进行,本章将对遗传算法各个算子进行简单描述。

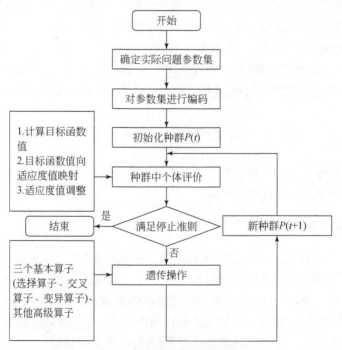

图 3-2　标准遗传算法流程图

1. 选择算子

选择操作是遗传算法中环境对个体适应性的评价方式,也是实现群体优良基因传播的基本方式。选择算子保证了遗传算法迭代中"适者生存"的群体进化,在很大程度上决定了遗传算法收敛的效果和速度。选择算子在遗传算法中通常表现为优良个体在下一代群体中具有较强的繁殖能力,而劣质个体则逐渐被淘汰,群体的整体品质得以提高。

选择算子用来从父代中按照适应度进行个体选择,并复制到子代中。常用的算法有以下两种。

(1)赌盘选择:赌盘选择类似博彩游戏中的轮盘赌。个体适应度按比例转化为选中概率,即适应度大的个体占赌盘的面积也大,赌盘按照随机产生的概率选择该个体的可能性也比较大。

(2)随机遍历抽样:每次随机产生一个选择的概率,如果该概率大于个体的适应度占的百分比,则该个体被选中。

2. 交叉算子

交叉算子是模仿自然界中有性繁殖的基因重组过程,在该过程中种群的个体品质得以提高。直观来讲,选择算子将原有的优良基因遗传给下一代个体,而交叉算子则可以生成包含更多优良基因的新个体。交叉算子的设计,一般与所求问题的特征有关。通常需要考虑如下因素:

(1)必须保证优良基因能够在下一代中有一定的遗传和继承机会。

(2)必须保证通过交叉操作,存在一定生成优良基因的机会。

(3)交叉方式的设计与问题编码紧密相关,必须结合编码的结构来设计高效的交叉算子。

针对字符集编码,交叉操作通常使用的算子包括一点交叉、两点交叉、多点交叉、均匀交叉等形式。

3. 变异算子

交叉操作之后是子代的变异,子个体变量以很小的概率或步长产生转变,变量转变的概率或步长与维数(即变量的个数)成反比,与种群的大小无关。据研究,对于单峰函数,开始时增加变异率、结束时减少变异率,可以改善搜索速度;但对于多峰函数,变异率的自适应过程是有益的选择。变异算子是一种局部随机搜索,与选择算子、交叉算子结合在一起,保证了遗传算法的有效性,使遗传算法具有局部的随机搜索能力,同时,使遗传算法保持种群的多样性,防止出现非成熟收敛。

4. 适应度计算

计算个体的适应度是为了衡量个体在种群中的优劣程度,便于下一代个体的进化。适应度一般为正值,适应度越大的个体将获得越大的机会向下一代遗传基因。对于最大化或者最小化优化问题,需要构造合适的函数将个体的目标函数和适应度进行关联。

对于最大化问题,个体目标函数越大,越有利于最终的优化解,因此适应度和目标函数是正比关系。对于最小化问题,目标函数越大,越不利于最终的优化解,因此适应度和目标函数是反比关系。

3.2.2 遗传算法数学机理

遗传算法的执行过程中包含大量的随机性操作,因此有必要对其数学机理进行分析。

1. 模式定理

种群中的个体,即基因串中的相似样板称为"模式"(schema)。模式表示基因串中某些特征位相同的结构,因此模式也可解释为相同的构形。它描述的是一个串的子集,在二进制编码的串中,模式是基于字符集(0,1,*)的字符串,符号 * 代表任意字符(0 或 1)。例如,模式 * 1 0 * 描述了一个四个元的子集{0100,0101,1100,1101}。

二进制串中模式为

$$\{(a_1,a_2,\cdots,a_i\cdots,a_n) \mid a_i \in (0,1,*)\} \tag{3-1}$$

显然,模式是串的集合,这些串与模式在所有基因位上与不是 * 的基因匹配,因此模式中的 * 越多,可描述的串越多。对于二进制编码串,当串长为 L 时,共有 3^L 个不同的模式,遗传算法中串的运算实际上是模式的运算。如果各个串的每一位按等概率生成 0 或 1,则规模为 n 的种群模式总数的期望值为

$$\sum_{i=0}^{l} C_l^i 2^i \{1-[1-(1/2)^i]^n\} \tag{3-2}$$

种群最多可以同时处理 $n \cdot 2^l$ 个模式。

模式定理的一般数学表达式为

$$M[H(t+1)] \geqslant M[H(t)]\frac{f(H(t))}{f(t)}\left[1-\frac{P_c d(H)}{L-1}\right](1-P_m)^{O(H)} \tag{3-3}$$

式中,$M[H(t+1)]$ 是 $t+1$ 次迭代群体中模式 H 的期望个数;$M[H(t)]$ 是 t 次迭代模式 H 的期望个数;P_c 是杂交概率;P_m 是变异概率;$d(H)$ 是模式 H 的长度;$O(H)$ 是模式 H 的阶;L 是每个个体编码后的长度;$f(t)$ 是整个群体的平均适应性

值；$f(H)$ 是群体中模式 H 的平均适应性值，

$$f(H) = \frac{\sum\limits_{\langle i, x_t^i \in H \rangle} f_i}{M[H(t)]} \tag{3-4}$$

式中，f_i 是第 i 个个体的适应性值。当误差项 $\{1-[P_c d(H)/(L-1)]\}(1-P_m)^{O(H)}$ 很小时，若 $f(H)$ 大于 $f(t)$，则 $M[H(t+1)]$ 增加。误差项表示由杂交和变异引起的模式 H 破坏效应，是负效应。模式定理可以定义为：在遗传算子选择、交叉、变异的作用下，具有低阶、短定义距以及平均适应度高于种群平均适应度的模式在子代中呈指数增长。模式定理是遗传算法的基本理论，保证了较优的模式（较优解）数目呈指数增长，然而，模式定理只对二进制编码适用，对其他编码形式不适合。

模式定理是分析遗传算法的主要方法。模式 H 是指编码空间编码的子集。一个模式的变化受诸多因素的影响，如适应性函数、编码长度、群体规模、杂交率、变异率等。随着逐步迭代的模式进化，遗传算法达到最优解。尽管遗传算法仅作用于 N 个编码组成的种群，但这 N 个编码实际上包含 $O(N^3)$ 阶个模式的信息。这一性质称为遗传算法的隐含并行性。遗传算法在求解过程中，其计算过程可以是并行计算，而且遗传算法本身就具有并行计算能力，只是在应用遗传算法中人们较少使用并行计算。Zeigler 把高性能并行遗传算法应用到大型并行计算机。Bertoni 等研究了遗传算法中的内在并行性。

2. 积木块假设

在模式定理中所指的具有低阶、短定义距以及平均适应度高于种群平均适应度的模式被定义为积木块。积木块在遗传算法中很重要，在子代中呈指数增长，在遗传操作下相互结合产生适应度更高的个体，从而找到更优的可行解。

积木块假设（building block hypothesis）是指，遗传算法通过低阶、短定义距以及高平均适应度的模式（积木块），在遗传操作作用下相互结合，最终接近全局最优解。

满足这个假设的条件如下：

（1）表现型相近的个体，其基因型类似。

（2）遗传因子间相关性低。

目前大量的实践支持积木块假设，它在许多领域内都取得成功，如平滑多峰问题、带干扰多峰问题以及组合优化问题等。模式定理保证了较优模式的样本数呈指数增长，从而满足了求最优解的必要条件，即遗传算法存在找到全局最优解的可能性；而积木块假设指出，遗传算法具备寻找全局最优解的能力，即积木块在遗传算子的作用下，能生成低阶、短距、高平均适应度的模式，最终生成全局最优解。

3.2.3 快速混乱遗传算法

标准遗传算法(simple genetic algorithm,SGA)是 Holland 于 1975 年提出的,其后,Goldberg 等于 1989 年在标准遗传算法的基础上,提出了混乱遗传算法(messy genetic algorithm,mGA),以解决更大型且复杂的优化问题。随后,为了修正运算过程过度消耗内存的问题,Goldberg 等于 1993 年提出了快速混乱遗传算法(fast messy genetic algorithm,fmGA)[31]。本节采用 fmGA 来求解模型自动校核的参数优化问题。

SGA 无法表示出基因之间的逻辑关联性,因此 mGA 改变基因编码,将简单遗传算法中的绝对基因位置改变为相对的基因位置,并提出相应运算方式的改良模式。

fmGA 的运算过程包含两个循环:外部循环和内部循环。外部循环主要是以基因块的长度 k 作为重复运算的依据,每个循环为一代,每个外部循环都包含一个内部循环。内部循环包括三个阶段,依次为初始阶段、原生阶段、共生阶段。fmGA 就是通过内外循环交替运作来求最优解的。

fmGA 在求解最优化问题之前,与普通遗传算法相同,都须针对求解问题建立相对应的适应度函数,以随机方式产生初始竞争样板,进入外循环阶段,以确定基因块的长度 k。其后,进入内循环阶段,并开始初始、原生、共生阶段的运算。初始阶段采用概率法并根据外循环所得的 k 值来初始化母体;原生阶段通过门槛选择法和基因块过滤法从初始母体中选择并过滤出足够数量、基因块长度较短且较佳的染色体;共生阶段以原生阶段产生的母体进行切割与结合及突变运算,以扩大求解空间,进而寻求最优解。如此反复进行世代运算,当搜索到最优解或达到设定收敛条件时即停止运算。fmGA 在求解模型校核最优化问题时计算步骤如下。

1)确立编码机制

SGA 采用的染色体编码方式是固定长度编码,因此染色体中的基因位置均为绝对关系,如下所示:

1	0	1	1	1	1	0	0	0	1

而 fmGA 的染色体长度可以是不固定的,其编码方式是以一连串成对值表示染色体的基因值,如下所示:

((2,0) (1,1) (8,0) (4,1) (7,0) (6,0) (3,1) (5,1) (9,1))

第一个基因(2,0)中的 2 代表该基因的染色体位置,0 则为该染色体位置的值,其他基因也是这样。

2)定义适应度函数

适应度函数是 fmGA 在求解最优化问题的运行指标,其定义与普通 GA 相同。进行适应度函数的计算,主要是以其适应度的优劣作为评估基因字串的好坏,并作为基因字串保留至下一代的依据,因此拥有较高适应度的基因字串可被保留的概率也较高;反之,适应度较低的基因字串则较容易被淘汰。

3)随机产生初始竞争样板

竞争样板的主要作用是储存问题的最佳基因字串,在运算世代更替中持续将更好的基因字串储存在竞争样板中,直到世代运算终止,最后的竞争样板即该问题的最佳解。另外,竞争样板也可辅助不足编码的染色体进行适应度计算。因此,在产生初始竞争样板时,须充分了解问题特性,方可决定合适的竞争样板长度。初始竞争样板采用与简单遗传算法相同的绝对位置编码并以随机方式产生,每当一个内循环结束,竞争样板即被该世代中最佳的染色体所取代。

4)概率法初始化母体

原来的 mGA 是以列举方式产生所有长度为 k 的染色体,进行母体初始化,其母体数可由式(3-5)求出,以问题长度 l 为 10、染色体长度 k 为 5 的情况为例,其初始母体数 n 为 8064。然而,这种方法将产生过于庞大的母体数并导致大量内存的消耗,Goldberg 等于 1992 年针对此问题提出新的初始化母体方法,见式(3-6),有效地减少了需初始化的母体数并产生较高可信度的染色体。

$$n = 2^k \binom{l}{k} \tag{3-5}$$

式中,l 为问题长度;k 为基因块长度。

$$n = \frac{\binom{l}{l'}}{\binom{l-k}{l'-k}} 2c(\alpha)\beta^2(m-1)2^k \tag{3-6}$$

式中,l' 为染色体基因字串长度,一般采用 $l'=l-k$;$c(\alpha)$ 为常态分布,对应 α 尾端概率平方值;β 为基因块中的最佳适应度与次佳适应度的比值;m 为子基因块数量,一般采用问题长度与基因块长度的比值。

5)门槛选择法

门槛选择法是通过随机选择两条染色体字串,比较它们的适应度优劣并复制较佳适应度的染色体字串至下一运算阶段或世代,以达到保留较佳染色体的目的。然而,由于 fmGA 中染色体基因字串的位置编码不确定,若以随机方式选择的两条染色体的相似度不足,其适应度比较就失去意义。因此,进行选择之前,需针对欲比较的两条染色体设定一个门槛值,当两条染色体的相似度大于门槛值,方可进行比较选择。Deb 提出的门槛值设定建议如式(3-7)所示。

$$\theta = \left[\frac{l_1 l_2}{l} \right] \tag{3-7}$$

式中，l_1 为第一条染色体的长度；l_2 为第二条染色体的长度；l 为问题长度。假设有一问题长度 l 为 10，而欲进行选择的两条染色体内容为 $((0,1)\ (3,1)\ (5,0)\ (2,1))$，（长度 $l_1 = 4$），以及 $((3,0)\ (5,1)\ (0,0)\ (6,1))$，（长度 $l_2 = 4$），检查发现存在三个相同基因位置，分别为位置 0、3 和 5，因此记录其相似度 M 为 3。

6）基因块过滤法

fmGA 的原生阶段中，由于初始随机产生的母体的染色体长度为 l'，而不是基因块长度 k，因此需要通过逐步且随机地进行基因剔除，以将母体中所有染色体字串均缩减为合理长度的基因块。此外，为保留具有较佳适应度的染色体，在剔除的过程中，每次剔除基因字串后均需再度进行门槛选择。其中，每次剔除基因字串的长度可由剔除比率 ρ 来决定，且 ρ 小于 1。ρ 的确定必须依据问题不同而进行测试得到，门槛选择的进行次数则可依式（3-8）来决定。

$$\gamma = \left[\frac{\left[\begin{matrix} \lambda_{i-1} \\ \lambda_i \end{matrix} \right]}{\left[\begin{matrix} \lambda_{i-1} - k \\ \lambda_i - k \end{matrix} \right]} \right] = \left[\frac{\left[\begin{matrix} \lambda_{i-1} \\ \lambda_{i-1}\rho \end{matrix} \right]}{\left[\begin{matrix} \lambda_{i-1} - k \\ \lambda_{i-1}\rho - k \end{matrix} \right]} \right] \tag{3-8}$$

式中，γ 为进行门槛选择的次数；λ_{i-1} 为第 $i-1$ 次剔除基因后的染色体长度；λ_i 为第 i 次剔除基因后的染色体长度；k 为基因块长度；ρ 为基因字串剔除率。

7）切割与结合运算

由于 fmGA 中的染色体长度是不固定的，因此采用切割与结合运算来替代 SGA 中的交叉运算。首先依据切割率选择两条染色体，并随机选择它们的切割点，经过切割产生四条染色体，再由结合率决定是否进行四条染色体的结合，如图 3-3 所示。

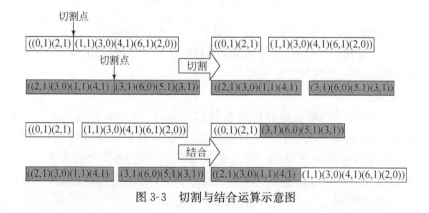

图 3-3　切割与结合运算示意图

8）突变运算

由于上述的切割与结合运算已使染色体的结构产生大幅度变化，因此突变运算对于 fmGA 的重要性较简单遗传算法大幅度降低。但若算法的训练结果一直无法达到最优解，即可加入突变运算，其主要目的在于避免搜寻空间陷入局部最优解中。突变运算的运作方法和 SGA 一样，首先依据突变率决定是否进行突变，再对欲突变的染色体随机选择其突变位置，并将该位置的基因值随机改变。

mGA 解决了基因块连接问题，但在初始阶段产生所有可能的基因块，耗用大量内存，无法应用于大型问题上，而 fmGA 克服了上述初始瓶颈。由于 fmGA 具有基因长度可变和可进行门槛选择、基因过滤、切割与结合运算等新特点与优点，被用于求解供水管网模型自动校核的参数优化问题，并取得了良好的效果。研究结果证明，fmGA 搜寻很少的解空间即可找到最优参数组合，寻优时间比 SGA 有所缩短。

3.2.4　非控制排序遗传算法

非控制排序遗传算法（nondominated sorting genetic algorithm，NSGA）是求解多目标优化模型的算法，本节用带精英策略的非控制排序遗传算法（NSGA-Ⅱ）求解监测点的多目标优化问题。NSGA-Ⅱ 的整体结构与 SGA 基本一致，其特征在于以下三点。

（1）利用非控制排序对个体进行排序：实现了在不依赖权重系数的情况下对含有多目标函数计算值的个体进行排序。

（2）采用拥挤距离概念：实现多目标函数情况下的小生境技术，达到保持解的多样性，保证算法具有很高的全局寻优能力和收敛速度。

（3）采用快速排序方法：改进了 NSGA 中复杂、难操作的非控制排序方法，将算法的计算复杂度由 $O(MN^3)$ 降低至 $O(MN^2)$，其中 M 为目标函数个数，N 为种群规模，提高了算法的求解速度。

在 NSGA-Ⅱ 中，种群中的每个个体依据两个值进行优劣程度的判断：非控制排序值及拥挤距离。

1. 非控制排序

非控制排序（nondominated rank）概念利用下面的含有两个目标函数的优化问题进行说明。

设有多目标优化问题如下：

$$
\begin{aligned}
\text{Obj.} \quad & \max f_1(X) \\
& \max f_2(X) \\
\text{s. t.} \quad & s_1(X) \\
& s_2(X)
\end{aligned}
\tag{3-9}
$$

该优化问题的三个解向量为 X_1, X_2, X_3。

（1）若 $f_1(X_1) > f_1(X_2)$，且 $f_2(X_1) > f_2(X_2)$，则 $(X_1)_{\text{nondominated\_rank}} <$ $(X_2)_{\text{nondominated\_rank}}$，称解 X_1 控制解 X_2，解 X_1 为非控制解，解 X_2 为控制解，X_1 优于 X_2。

对非控制排序遗传算法而言，解 X_1 对应的个体优于解 X_2 对应的个体，则解 X_1 对应的个体具有更优越的排序值（rank），也具有更高的选中概率。

（2）若 $f_1(X_1) < f_1(X_3)$，且 $f_2(X_1) > f_2(X_3)$，则 $(X_1)_{\text{nondominated\_rank}} =$ $(X_3)_{\text{nondominated\_rank}}$。

解 X_1, X_3，相互不受控制，具有相同的非控制排序值。

（3）若 $f_1(X_2) < f_1(X_3)$，且 $f_2(X_2) > f_2(X_3)$，如果不考虑解 X_1 的存在，则应该认为 $(X_2)_{\text{nondominated\_rank}} = (X_3)_{\text{nondominated\_rank}}$。

但是因为解 X_2 被解 X_1 控制，并且解 X_1 与 X_3 相互不受控制、具有相同的非控制排序值，所以 $(X_3)_{\text{nondominated\_rank}} < (X_2)_{\text{nondominated\_rank}}$。

三个解向量 X_1、X_2、X_3 的位置关系及排序情况可由图 3-4 进行说明。

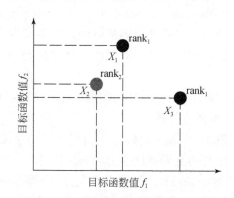

图 3-4　非控制排序说明图

2. 拥挤距离

拥挤距离（crowding distance）的概念为个体在各目标函数值分量上与其前后相邻的、具有相同非控制排序值的两个个体目标函数值之差的平均值，若该个体处于该等级所有个体的边界位置，则其拥挤距离为无穷大。

设有且仅有三个解向量 X_1、X_2、X_3 具有相同的非控制排序值（具有相同的优劣等级），则有以下结论：

若 $f_1(X_1) < f_1(X_2) < f_1(X_3)$，且 $f_2(X_1) > f_2(X_2) > f_2(X_3)$，则

$$(X_2)_{\text{crowding\_distance}} = (|f_1(X_1) - f_1(X_3)| + |f_2(X_1) - f_2(X_3)|)/2$$
$$(X_1)_{\text{crowding\_distance}} = \infty$$
$$(X_3)_{\text{crowding\_distance}} = \infty \qquad (3\text{-}10)$$

三个解向量 X_1、X_2、X_3 的位置关系及拥挤距离可由图 3-5 说明。计算完每个个体的拥挤距离后,按照拥挤距离大小,对每一层个体进行排序。选择下一代个体时,同一层个体中拥挤距离大的个体被优先选择进入下一代,从而保证整个种群解的多样性,改善 Pareto 非次优解的质量。

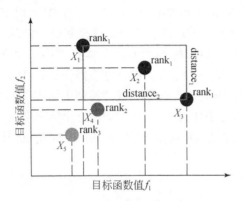

图 3-5　拥挤距离说明图

3. 拥挤度比较算子

在获得了个体的非控制排序值及拥挤距离后,就可以利用拥挤度比较算子 ($<_n$) 对所有个体进行排序,从而确定个体的适应度,为进行选择操作做准备。拥挤度比较算子的操作方法可用以下代码进行表述:

```
if ((i_nondominated_rank < j_nondominated_rank) or ((i_nondominated_rank = j_nondominated_rank)
    and (i_crowding_distance > j_crowding_distance)))
    { i <_n j }
```

对于图 3-5 中的五个解 (X_1, X_2, X_3, X_4, X_5),利用拥挤度比较算子的排序结果为:$X_1 = X_3 <_n X_2 <_n X_4 <_n X_5$。即解 X_1、X_3 为种群中最优个体,应该具有最高的适应度;相反,解 X_5 为不良个体,应该具有最小的适应度。

4. 快速排序方法

对于规模为 N 的种群,未改进的个体非控制排序方法如下:

首先,寻找第一级非控制个体,具体操作为对所有个体进行遍历,遍历操作中将当前遍历个体与其余所有个体进行比较,以确定该个体是否为非控制个体。这样,对于每一个个体需要进行复杂程度为 $O(MN)$ 的比较运算,其中 M 为优化问题的目标函数个数。当第一级非控制个体确定时,总计算复杂度为 $O(MN^2)$。这时第一级非控制个体已经找到,将其全部暂时移出种群,再重复上述比较过程以确定第二级非控制个体，找到后再将其移出种群。如此重复操作，直至所有个体都完成非控制排序工作。在最不利情况下，即任何两个个体都不属于同一级非控制个体，共有 N 个非控制边界时，对种群进行一次非控制排序的总体计算复杂度为 $O(MN^3)$。

在经过改进的快速排序方法中，对于每一个个体 p 设定两个变量：n_p 和 S_p。n_p 表示控制该个体的个体数；S_p 表示被该个体控制的个体的集合。对于第一级非控制个体，其 n_p 为 0，因此首先将 n_p 为 0 的个体找到移出种群，并将所有被第一级非控制个体控制的个体的 n_p 减去 1。进行完该操作后 n_p 为 0 的个体为第二级非控制个体，将其移出种群，并将所有被第二级非控制个体控制的个体的 n_p 减去 1。依次重复该操作，直至所有个体的 n_p 都为 0，即所有个体都完成排序。对于快速排序算法，所有的比较运算均在确定个体 n_p 和 S_p 时完成，因此总计算复杂度为 $O(MN^2)$。

5. Pareto 最优解

Pareto 最优解的概念与经典的单目标最优解概念不一样。经典的单目标最优解表示解集合中有且仅有一个解是最优解；而 Pareto 最优解的概念是，如果两个解处于同一个层次，不存在其他解比这两个解优越，则这两个解都是 Pareto 最优解。这就表示 Pareto 解集可以接受多个解，而不是仅仅一个解。

多目标遗传算法（multiobjective genetic algorithms，MOGA）解决多目标问题具有显著的优点。解决多目标问题的传统方法是将多个目标函数按照一定的方法如加权累加等转换成单目标，从而将多目标的优化问题转换成单目标优化问题。伴随着目标函数的转换，通常也需要将决策变量进行某种转换。传统的求解单目标的优化方法最终仅能给出一个最优解，而且对决策变量的解空间要求是凸状（空间内部不能存在奇异点）连续的，这些弊端在 MOGA 中都得到克服。

MOGA 主要的计算步骤如下：

（1）随机生成初始种群的父代，该种群由 n 个个体组成。

（2）进行各个非次优解的分层排序，并进行同一层间个体间距计算。

（3）对每个个体进行遗传操作的选择、交叉、变异。

（4）基于各个非次优解的层次进行进化操作，层次越小适应度越高。

（5）按照个体层次从小到大、间距从大到小、从父代到子代中选择 n 个个体组成下一代种群。

（6）判断是否达到设定的进化代数。如果达到设定的代数，输出层次最小的个体；否则，进行第（2）步。

在以上计算步骤中，只有第（2）步和单目标遗传算法计算方法不同，因此本节对第（2）步进行详细论述。

对于某个多目标优化问题的一个种群,假设需要进行 m 层排序,种群中有 n 个个体。则进行分层排序的计算步骤如下:

(1)当前层编号 n_i 为 1。

(2)根据 Pareto 解的定义,从当前种群的个体中选出 n_k 个未参加排序的个体组成 n_i 层,并将这 n_k 个个体设置已经排序标志。

(3)n_i 加 1,判断 n_i 是否大于 m,如果是,分层排序结束,否则进行以下步骤的计算。

(4)从当前种群中删除已经排序的第 n_i 层的个体,判断种群是否所有个体都已经排序,如果是,则排序结束,否则进行第(2)步。

以上计算步骤重复进行,直到所有个体都排序完毕。一个良好的 MOGA,应该使个体在解空间中分布均匀且保证多样性,这样才能保证最后求出的 Pareto 解的边沿是整个解空间中较为优化的解。

3.3　监测点优化布置

为校核管网模型,需在管网中布置一定数量的监测点,以获取管网系统的运行监测信息。监测点应布置在那些最易反映管网系统现状、最敏感的地方。实际工程中,需在满足给定精度的前提下,确定测点数目、测点位置和测点所示区域。出于经济性的考虑,人们总是希望布置的测点应尽可能少,并希望布置的测点尽可能具有代表性,即每一个监测点所代表的管网区域尽可能大。

邓涛借鉴供水管网中计算动态水质模型的算法思想,提出采用节点动态比例信息算法来解决水质监测点优化问题,将每个节点每个时刻本身作为一种水质指标信息进行动态追踪。因为数据量巨大,所以采用数据库管理计算结果,并进行挖掘分析,最终得到合理的水质监测点设置位置。

本节采用 MOGA 和自适应神经网络(adaptive neural network,ANN)联用来解决监测点优化问题。

3.3.1　监测点优化布置模型建立

在模型校核的过程中,有很多不确定因素,如管道摩阻系数和节点流量的数据准确性不能保证,节点高程、水池水位、水泵特性曲线等带有不确定性。在参数具不确定性因素条件下,监测点的优化布置有两个目标函数,一是模型校核精度最大化,二是监测成本最小化。

为了量化模型校核精度,将 FOSM 模型用于量化相关参数的范围。

$$\text{Cov}_a = s^2 (J^{\mathrm{T}} J)^{-1} \tag{3-11}$$

式中,s 是某监测点一系列监测数据的标准偏差;J 是 $\partial y_i / \partial a_k (i=1,3,\cdots,N_0;$

$k=1,2,\cdots,N_a)$的雅可比矩阵；N_0是监测点数量；N_a是校核参数的数目；y是N_0个监测点的监测值；a是N_a个校核参数向量。

若采用式(3-11)评估参数不确定性，被校核模型的不确定性可以用下面的协方差矩阵来估计：

$$\text{Cov}_z = J_z \cdot \text{Cov}_a \cdot J_z^T \tag{3-12}$$

式中，J_z是$\partial z_i/\partial a_k (i=1,2,\cdots,N_z;k=1,2,\cdots,N_a)$的雅可比矩阵；$z$是$N_z$个监测点预测值向量。其中

$$\frac{\partial z_i}{\partial a_k} = \frac{z_i^\Delta - z_i}{(a_k+\Delta a)-a_k} \tag{3-13}$$

式中，z_i^Δ是校核参数假设为$(a_k+\Delta a)$时监测点的预测值；z_i是校核参数假设为a_k时监测点的预测值。

计算雅可比矩阵的步骤为：①假定参数值，进行水力模拟；②假设校核参数值为$(a_k+\Delta a)$，$k=1$，进行水力模拟；③完成矩阵的第一行；④令$k=2,3,\cdots,N_a$，重复步骤②和③。

因此，对模型预测的不确定性总结如下：

$$f_1 = \frac{1}{N_z}\sum_{i=1}^{N_z}\text{Cov}_{z,ii}^{1/2} \tag{3-14}$$

模型预测精度定义如下：

$$F_1 = \frac{f_{1,ml}}{f_1} \tag{3-15}$$

式中，$f_{1,ml}$是理想状态下的模型不确定性。当式(3-14)的模型不确定性最小化时，式(3-15)的模型预测精度最大化。因此，模型校核精度目标函数为

$$\max F_1 = \frac{1}{N_k}\sum_{j=1}^{N_k}\frac{f_{1,ml}^i}{f_1^i} \tag{3-16}$$

式中，N_k是监测点数量。

第二个目标函数是监测点布置成本最小化，见式(3-17)：

$$\min F_2 = \frac{N_l}{N_{ml}} \tag{3-17}$$

$$N_l^{\min} \leqslant N_l \leqslant N_l^{\max} \tag{3-18}$$

式中，N_{ml}是潜在的监测点数目；$N_{l\min}$和$N_{l\max}$分别是最小和最大的在使用的监测点数目。式(3-18)为约束条件。

3.3.2　监测点优化模型求解

参数不确定下监测点优化问题的目标函数和约束条件见式(3-16)~式(3-18)，有效计算目标函数式(3-16)的值是个棘手的问题，这是因为重复的雅可比矩阵计

算非常耗时。采用 MOGA 和 ANN 联用的方法来解决这个问题,计算流程如图 3-6 所示。

图 3-6　MOGA 和 ANN 联用的计算流程

在进化过程中,ANN 周期性地被训练以提高预测精度。ANN 是以计算机仿真的方法,从物理结构上模拟人脑,以使系统具有人脑的某些智能。在众多的 ANN 模型中,多层前馈神经网络模型是目前应用最广泛的模型,用反向传播(back propagation,BP)算法可以实现多层前馈神经网络的训练。BP算法具有简单和可塑性的优点,但是BP算法是基于梯度的方法,这种方法的收敛速度慢,且常受局部极小点的困扰,而采用GA则可克服BP算法的缺陷。MOGA和ANN联用可协同求解复杂工程中的优化问题。该方法既利用了神经网络的非线性映射、网络推理和预测的功能,又利用了遗传算法的全局优化特性,可广泛地应用于目标函数难以用决策变量的显函数形式来表达的众多复杂工程问题。

在GA搜索最优解的过程中,当计算模型精度目标函数时,计算染色体适应度的全适应度模型逐渐被周期性训练的ANN元模型取代,训练数据采用的是先前全适应度模型进化过程产生的数据,这样可以较大地节约优化计算时间。然而,ANN预测值只能是近似的,因此在计算目标函数值时容易出错。为了解决这个问题,周期性地训练ANN以提高预测精度。ANN输出层只有一个神经元等于第一个目标函数的值,直接计算第二个目标函数值,而不需要考虑其他的输出神经元。

MOGA采用NSGA-II,染色体采用整数编码。当$N_{max}=N_{ml}$时,一般采用二进制编码,这种情况适用于典型的监测点优化理论分析,特别是小规模算例管网;当N_{max}远小于N_{ml}时,一般采用整数编码,这种情况适用于大规模实际管网的监测点优化分析。然而,使用整数编码可能会出现这样的情况:两个或多个基因取用同一个整数值,这意味着管网中同一个监测位置要装多个监测仪器。出现这种情况时,在该监测位置可以只评价第一个基因,忽略其他同值的基因。如果评价每一个同值的基因来计算校核精度和监测成本的目标函数,同一精度的监测成本可能会增加,最优解可能会被程序拒绝。

3.3.3　监测点优化结果分析

在进行优化计算前,MOGA和ANN联用有一些额外的参数需要设置,如隐层神经元数目、初始训练种群(initial training generation,ITG)等。在敏感度分析的基础上,MOGA和ANN联用的参数采用ITG=6,子代Pareto最优解的数量NF=3,ANN隐层神经元数量为20,重新训练的适应度值为1000个。NSGA-II的种群大小为100,交叉概率0.7,变异概率0.9,选择过程采用随机遍历抽样法(stochastic universal sampling,SUS),SUS是具有零变差和最小个体扩展的单状态抽样算法,比较适应多目标优化。为了避免过度竞争,交叉限制半径为0.25。

按图3-6的流程对某市管网SCADA系统进行在线压力监测点优化,结果如表3-1和图3-7~图3-9中三角形位置所示。表3-1中,当监测点数量设置成5、10、15时,分别得出最优的监测点位置,并分别给出两个目标函数的值。表中0表示该节点不设在线压力监测仪器,1表示要设在线压力监测仪器。

表 3-1　MOGA 和 ANN 联用获得的 Pareto 最优解

监测点数	节点编号														
	854	212	012	652	253	411	275	305	761	525	601	300	608	206	919
5	0	0	0	0	1	0	0	1	1	0	1	0	0	0	1
10	0	1	0	1	1	0	1	1	1	0	1	1	1	0	1
15	1	1	1	1	1	1	1	1	1	1	1	1	1	1	1

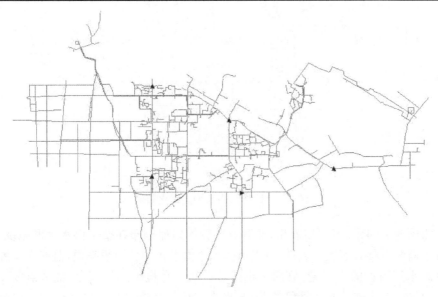

图 3-7　5 个压力监测点优化结果

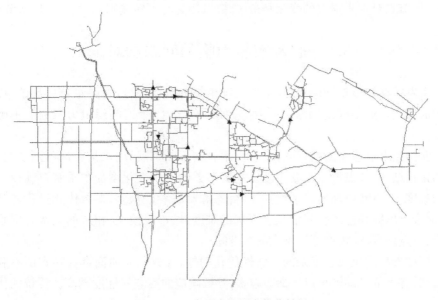

图 3-8　10 个压力监测点优化结果

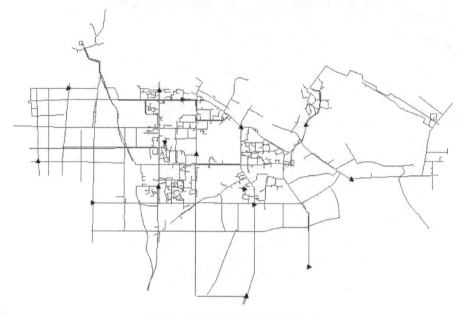

图 3-9　15 个压力监测点优化结果

由图 3-7～图 3-9 可以看出,监测点比较均匀地分布在整个供水管网系统中,保证了监测点具有区域代表性,可以覆盖整个供水管网。一般来说,监测点位置往往远离水厂附近的主干管,管网末梢的节点往往是最敏感的节点,如节点 854 和 411。另外,对于连接几条管段的节点,当水流从与之连接的不同管道都流向该节点时,该节点对水头损失的变化是最敏感的,因为它不转输水,而是一个用水节点。

3.4　自动校核面临的问题和对策

管网模型校核是管网水力、水质工况模拟的重要部分,也是最难的环节,校核过程面临太多的不确定因素,如用水量的不确定性、管道阀门阻力系数的不确定性等。

我国是个迅速发展的国家,城市供水管网不断扩展,用水量布局不断变化,管网的拓扑结构、节点流量不断更新。主要参数的不断变化增加了求解自动校核模型的难度,其不断增加的复杂性在于:静态和动态参数众多,参数优化过程非常耗时;混合的离散和连续空间增大了寻优的难度;城市规模大,相应的供水管网系统管段、节点众多,大模型等于巨大的解空间。

模型参数优化属于复杂的非线性优化问题,参数响应曲面存在很多凹谷和平坦区域,有大量局部极小点。参数越多,参数响应曲面非线性度越高。传统的优化方法,如梯度法和单纯形法对模型结构、优化准则要求严格,受初始条件影响较大,且由于其非线性特征通常只能得到局部最优解。基于随机采样的统计方法,如 HSY 算法、GLUE 算法等由于其随机抽样机制,当参数个数增多时,自动校核过程将非常耗时。

对于中小规模供水管网系统,采用遗传算法求解管网校核模型的时间是可以接受的。对于数百个节点的水力模型,自动校核的时间为几十个小时,比人工校核节约 3/4 的时间。但是,对于数千乃至数万节点的大规模供水管网系统,由于供水管网中管段众多,决策变量组成的区间是多维的,需要较多的个体数量和大量的计算,进化过程比较缓慢,难以达到实用的要求。

对目前所用的校核方法来说,常常遇到模型的"不确定性"问题,即不同的校验参数 x 可能导致与实测值 $y^*(x)$ 同样接近的模型计算值 $y(x)$。当待校验参数数目 x 多于独立观测值的数目时,输入参数有多种组合可使模型计算值与观测值较为吻合(如压力和流量),这将导致不能确定到底哪组参数才代表实际的管网运行工况。

根据以上问题,提出以下对策供参考。

1)遗传算法并行化

由遗传算法的模式定理可知,尽管遗传算法仅作用于 N 个编码组成的种群,但这 N 个编码实际上包含 $O(N^3)$ 阶个模式的信息,这一性质称为遗传算法的隐含并行性。为了提高运行效率,近年来,遗传算法的并行化逐渐受到重视。遗传算法具有隐含的并行性,并行遗传算法有以下一些模型:步进模型、粗粒度模型(也称岛屿模型)和细粒度模型(也称邻接模型)。为实现遗传算法并行化的要求,可以从以下四种并行性方面对其进行改造。

个体适应度的评价或计算在遗传算法的运行过程中占用运行时间比较长。通过对个体适应度并行计算方法进行开发研究,可以找到评价个体适应度的并行算法,从而提高个体适应度评价的计算效率。这种并行性的实现可能性以及计算效率取决于个体适应度函数的具体表达形式,依赖于对各种数值并行算法的研究进展和开发成果。

群体中各个体适应度之间没有相互依赖关系,这样各个体适应度的评价或计算过程就可以相互独立、相互并行地进行,也就是说不同个体的适应度评价或计算过程可以在不同的处理机上同时进行。

在从父代群体产生下一代群体所需进行的遗传操作中,选择操作只与个体的适应度有关,而交叉操作和变异操作只与参与运算个体的编码有关。这样,产生子代群体的选择、交叉、变异等遗传操作就可以相互独立地并行进行。

同一个遗传算法可以同时处理多组群体,这些群体可看成由一个大的群体划分而成。若把它们及对它们的进化处理分别置于不同的处理机上,肯定能够提高运行效率。具体的做法是,对群体按照一定的方式进行分组,分组后的单个或一组个体的遗传进化过程可以在不同的处理机上相互独立地进行。在适当的时候,各处理机之间再以适当的方式交换一些信息。

2)实测确定校核参数初始估计值

在遗传算法的应用中,初始种群及操作参数的确定是改善算法寻优性能的重要环节。初始种群及操作参数的确定对算法的收敛性、快速性都有相当大的影响。同样,校核参数初始值的估计对模型校核求解快速性有相当大的影响。校核参数初始估计值的来源可能是独立的现场实测数据,或工程经验数据(例如,管道摩阻系数可以是实测得出的管道材质、年代、直径等的函数,也可以是工程专家的经验取值)。

管网模型的精度取决于输入数据和参数的准确性,用户用水模式(大用户用水量变化规律)、管道摩阻系数和阀门阻力系数等关键参数初始估计值的确定取决于现场实测。由于管网中管道、阀门和用户众多,不可能一一进行实测,一般选取典型管道、阀门和大用户进行实测,根据一定数量的实测数据推求其他参数的初始估计值。模型初始参数的设定对寻优时间有很大的影响。现场实测可获得较为准确的初始参数,有效缩短寻优时间。

根据实测推求出的模型参数初始估计值可以对管网工况进行初步模拟,初步得出整个管网的水力、水质工况。初始参数估计值越接近实际,模拟出的结果就越好,校核过程就是在此基础上对初始参数进行微调以获得更好的模拟结果。如果初始参数很不准确,那么模型校核过程将会非常麻烦,必须对模型参数进行大的调整,增大了参数不确定的可能性。

供水管道摩阻系数、阀门阻力系数和用户用水模式是供水管网系统水力计算中的重要控制参数。具体实测过程见2.2节的内容。

3)模型参数有效分组

供水管网模型参数分组的总体思路是将大系统分解成若干子系统,然后分步优化子系统的参数。同一组的管段或节点分散在整个管网系统中,并不是集中在一起。模型参数的有效分组可以大幅减少校核变量的数量。例如,按敷设年代、管材对管道摩阻系数进行分组,同一组(敷设年代相近,管材相同)的管段摩阻系数可看成相同的,校核的过程中这些参数可以统一进行调整。按不同组对管段摩阻系数进行灵敏性分析,可以找出对用于校核的现场实测数据(节点水质、压力)最灵敏的一组或几组管段,校核时主要对这几组灵敏管段进行调整,就可得到理想的结果。同样地,用水量调整系数也可以进行分组优化。

这样不但能减小校核变量的数量,有效缩短校核时间,而且通过对未知的参数进行分组,或通过额外的现场实测以增加观测信息的量,不确定性问题也可以得到解决。解决校核问题不确定性的另一种方法是进行多工况校验或延时模拟校核。

在建模的工程实践中,采用人工校核或自动校核都是可行的,两种方法各有优缺点。对于经验丰富的建模者,在充分了解管网运行工况的基础上,分析出模拟值和实测值差异大的原因,利用灵敏度分析找出关键的几组模型参数,利用经验调整相应的关键参数,可以使模型满足工程所需的精度。对于大规模复杂供水管网系统,可以先进行灵敏度分析找出关键的几组模型参数,再利用遗传算法自动调整这些关键参数,这样比直接用遗传算法调整所有参数要快得多。

无论是人工校核还是自动校核,预校核都是非常必要的。预校核是核实基础资料的准确性、查找错误的一个过程。如果基础资料很不准确,自动校核得出的模型参数则不能真实地反映管网的实际工况。对于中小规模的管网系统,自动校核方法比较适用,管网规模小,供水形势不复杂,寻优时间和计算结果都是可以接受的。对于大规模复杂供水管网系统水力模型的自动校核,对并行遗传算法和模型参数进行分组,可有效缩短寻优时间。

对于实际城市供水管网系统的建模工程项目,经验是很重要的。自动校核已经在科研领域得到广泛认可和应用,随着应用研究的不断加深,相信在实际工程项目中也会得到更多更好的应用。

3.5　模型自动校核结果分析

采用 fmGA 对某市供水管网系统模型进行自动校核,首先进行模型的预校核,保证管网基础资料的准确性;然后对模型参数进行有效分组,同组参数的调整系数是一样的,大幅减少了校核参数的数量。

目标函数:

$$\min\left[\sum_{t=1}^{T}(H_{i,t}-H_{i,t}^{\text{sim}})^2+\sum_{t=1}^{N}(Q_{i,t}-Q_{i,t}^{\text{sim}})^2\right] \tag{3-19}$$

式中,$H_{i,t}$ 为第 i 个测压点第 t 个时段的压力,m;$H_{i,t}^{\text{sim}}$ 为根据水力模型计算出的第 i 个测压点第 t 个时段的压力,m;$Q_{i,t}$ 为第 i 个测流点第 t 个时段的流量,m³/h;$Q_{i,t}^{\text{sim}}$ 为水力模型计算出的第 i 个测流点第 t 个时段的流量,m³/h;T 为测压点总个数;N 为测流量点总个数。

适应度计算:对于最大化或者最小化优化问题,需要构造合适的函数将个体的目标函数和适应度进行关联。对于最小化问题,目标函数越大,越不利于最终的优化解,适应度和目标函数是反比关系。本书适应度函数采用模型校核目标函数的倒数,见式(3-20)。

$$F=\frac{1}{W_H}\sum_{t=1}^{T}(H_{i,t}-H_{i,t}^{\text{sim}})^2+\frac{1}{W_Q}\sum_{t=1}^{N}(Q_{i,t}-Q_{i,t}^{\text{sim}})^2 \tag{3-20}$$

式中,F 为适应度;W_H 为压力权重系数;W_Q 为流量权重系数。

GA 参数设置：fmGA 的参数设置如图 3-10 所示，校核流程如图 3-11 所示。

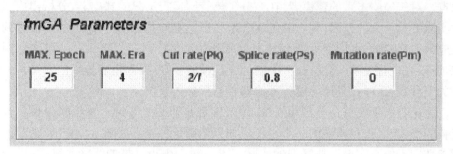

图 3-10　fmGA 的参数设置

模型自动校核包括调整管道摩阻系数和节点流量。首先，对各水厂的出厂流量和压力进行校核，调整水泵特性曲线、主干管的摩阻系数和流量系数，使模拟的出厂主干管流量和出厂压力与监测值基本吻合；然后，校核管网中监测点的压力和流量，使模拟值与监测值吻合。在采用 fmGA 调整模型参数前，先运行几次人工校核了解整个系统的动态工况和参数灵敏度。具体做法是，先根据大用户的水量、位置和用户分类，对各类大用户进行统一水量分配，根据模拟结果进行分析，对小用户和未计量水量进行重新分配，直到基本符合实际工况，然后对管道的摩阻系数和阀门的阻力系数进行调整，使得模拟结果更贴近实际。

对于模型自动校核中管道摩阻系数的参数优化，先按服役年限进行分组，管道服役年限每 2 年一组，因为在环境变量（压力、温度、水质等）相差不大的情况下，2年内摩阻系数不会有太大的变化。将服役 50 年内的管道分成 25 组，见表 3-2。每组采用同一个调整系数，大大减少了染色体的数量，使遗传算法进化过程更快，而且大大减少了不确定性问题出现的可能性。不过，分组也稍微降低了模型参数准确性。

表 3-2 中管道摩阻系数的初始估计值由第 2 章的实测数据确定，对实测数据进行拟合，对于相同管径的管道，得出服役年限与管道摩阻系数之间的关系式，根据这个关系式，只要知道管道服役年限，就可以推导出管道摩阻系数的初始估计值。

对于不同管径不同年代的管道，根据第 2 章的实测数据，建立多重回归模型，得出服役年限和管径与管道摩阻系数之间的关系，只要知道管道服役年限和管径，就可以推导出管道摩阻系数的初始估计值。

在管道摩阻系数的优化选取过程中，共运行了 25 次优化计算，适应度函数值基本趋于水平，基本达到最优解，再多运行几次优化计算，对整个系统校核精度没有明显的提高。

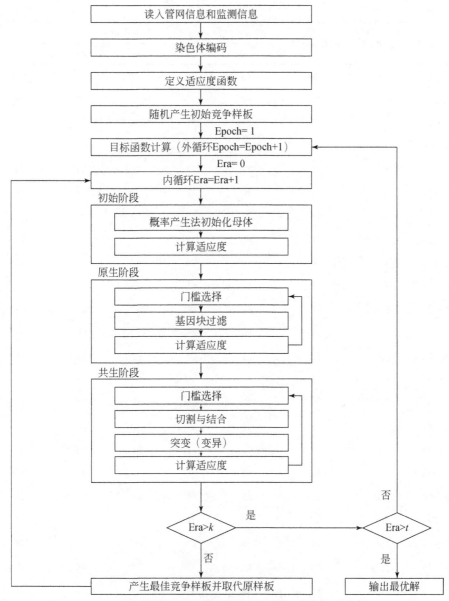

图 3-11　fmGA 算法实现管网模型自动校核的流程

表 3-2　管道摩阻系数的遗传算法校核结果

服役年限	调整系数	初始估计值	优化次数				
			5	10	15	20	25
0~2	f_1	115	115	113	114	112	116

续表

服役年限	调整系数	初始估计值	优化次数				
			5	10	15	20	25
2~4	f_2	103	96	106	105	99	106
4~6	f_3	92	90	91	93	88	98
6~8	f_4	85	77	82	86	87	89
8~10	f_5	80	79	82	79	88	80
10~12	f_6	77	79	74	74	75	78
12~14	f_7	75	70	67	76	70	75
14~16	f_8	74	74	75	73	71	73
16~18	f_9	72	66	71	72	66	75
18~20	f_{10}	70	68	66	69	74	66
20~22	f_{11}	68	67	63	65	67	65
22~24	f_{12}	66	63	60	59	65	63
24~26	f_{13}	65	65	64	63	60	64
26~28	f_{14}	63	58	59	62	64	61
28~30	f_{15}	61	64	65	57	55	60
30~32	f_{16}	60	55	51	57	54	59
32~34	f_{17}	58	56	57	52	55	51
34~36	f_{18}	57	52	55	51	52	54
36~38	f_{19}	55	50	48	47	49	53
38~40	f_{20}	54	53	46	50	54	51
40~42	f_{21}	52	50	51	50	53	50
42~44	f_{22}	51	50	52	56	53	49
44~46	f_{23}	50	45	55	52	49	48
46~48	f_{24}	48	46	40	45	41	51
48~50	f_{25}	46	41	28	44	43	45

　　校核后的压力和流量监测点的监测值与计算值差异 24h 统计结果见表 3-3 和表 3-4；部分压力和流量监测点的计算值与实际监测值的比较如图 3-12 和图 3-13 所示。校核结果完全满足水力模型在现状分析和供水规划分析中的应用精度要求。

表 3-3　供水管网系统 13 个压力监测点 24h 统计结果

项目	计算值与监测值的差值/m		
	<1.5	<3	<4
数据总数	221	285	312
占比/%	71.0	91.4	100

表 3-4　供水管网系统三个水厂出水量 24h 结果统计　　　（单位:%）

水厂名	计算值与监测值的差值		
	<1.5%水厂出水量	<3.5%水厂出水量	<6%水厂出水量
A	61.3	91.2	100
B	65.4	94.3	100
C	59.1	89.7	100

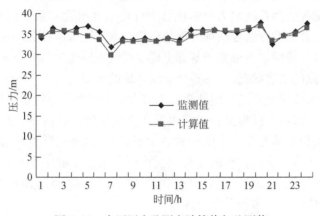

图 3-12　水厂压力监测点计算值与监测值

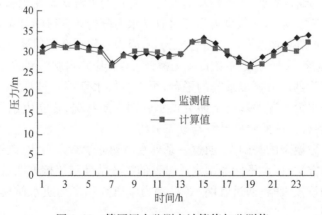

图 3-13　管网压力监测点计算值与监测值

第4章　管网水质模型自动校核及其应用

供水管网系统的水质分析基本上有两种方式:一种是直接在供水管网中进行抽样测试,然后进行统计分析;另一种是利用计算机数学模型进行水质模拟。前者通常是根据管网系统的具体应用和有关的水质标准及规定,选择某些水质参数进行验证。这种方式的主要目的是管网水质监测,具有广泛的应用领域。虽然这种方式有着不可替代的作用,但也有监测费用过高、在实际工程中受限制过多等诸多缺点。

由于城市供水管网系统十分复杂、庞大,仅靠有限的监测点进行人工监测或仪器自动监测水质变化情况来实时、全面地掌握整个管网系统的水质状况是十分困难的。然而,就像管网系统水力分析能够很好地估算出管网系统的水力工况变化一样,可以利用类似的方法较精确全面地获得管网系统水质参数的变化情况,即运用计算机技术,在管网水力模型的基础上建立管网水质变化的数学模型,从而推算出管网各个节点的水质状况,评估整个管网系统的水质情况。

供水管网水质模型是指利用计算机模拟水质参数和某种污染物质在管网中随时间、空间的分布,或者模拟某种水质参数产生变化的机理,在管网拓扑结构的基础上,表达某种物质变化规律的一种数学表现形式,通过模型求解,可以实时地模拟出管网内的水质状况。管网水质模型按研究所涉及的水质参数,可分为水龄模型、余氯衰减模型、消毒副产物模型和微生物学模型等,按所模拟的水质成分可分为单物质反应模型和多物质反应模型。

虽然水质模型有很多类型,但它们都是以水力模型为基础的。水质模型以水力模型的结果作为输入数据,动态模型需要每一管道的水流状态变化和容器的储水体积变化等水力学数据,这些数据可以通过管网水力分析计算得到。大多数管网水质模拟软件都将水质和水力模拟计算合二为一,因为管网水质模拟计算需要水力模型提供的流向、流速、流量等数据,因此水力模型会直接影响水质模型的应用。

建立供水管网水力模拟系统的平台,可进行供水管网各种计算、分析,在已知供水管网各种水力工况的基础上研究供水管网水质状况,建立供水管网的水质模型,进行管网各种工况的水质计算与动态分析。

本章在水力模型的基础上,通过一系列水质动力学参数实测,改进交叉节点的水质混合计算方法;探讨不同类型水质模型的校核精度和校核方法选择问题,提出水质模型自动校核策略;通过管网 AOC 动力学研究和多物质水质模拟,建立微生物再生长模型。

4.1　单物质反应模型

实现城市供水管网水质数学模型是评估城市供水系统中水质变化的有效方法。水质模型是建立在管网水力模型基础上的。由于城市供水管网的水力条件是不断变化的,各水源点的出水水质也是变化的。只有在城市供水管网中推广并广泛应用动态水质模型,对城市供水管网系统中的水质模型参数进行动态地计算、校验等,才能保证城市供水管网水质计算的实用性和可行性。

在建立城市供水管网水质数学模型时,为保证模型的正确性和高精度,需要结合水力学、计算流体力学、化学、生物学、统计学、图论、非线性规划、科学计算及可视化、人工智能、知识发现等多种学科的理论与技术。因此水质数学模型的建立是一项非常复杂的系统工程。

4.1.1　单物质反应模型原理

当水从泵站输送到整个城市的配水管网系统后,水中溶解的物质浓度将沿着管网的空间网络结构遍布整个城市的供水系统。由于供水系统的运行工况是变化的,物质扩散分布的规律将受到工况变化的影响,如何有效地计算一段时间后管网的水质分布情况是研究的热点。

管网水质反应从两方面考虑:主体水反应和管壁反应。

对于主体水反应,有

$$R = kC^n \tag{4-1}$$

式中,R 为反应速率;k 为反应速率系数;C 为反应物浓度;n 为反应级数。

当反应物衰减或生成有浓度限制(如余氯浓度不得低于 0.05mg/L,三氯甲烷浓度不得高于 0.06mg/L)时,有

$$R = k_b(C_L - C)C^{n-1}, \quad n > 0, \quad k_b > 0 \tag{4-2}$$

$$R = k_b(C - C_L)C^{n-1}, \quad n > 0, \quad k_b < 0 \tag{4-3}$$

式中,C_L 为限制浓度。

不同温度下反应速率系数的转换如下:

$$k_{b2} = k_{b1}\theta^{T_2 - T_1} \tag{4-4}$$

式中,θ 为常数,当 T_1 温度为 20℃时,θ 的估计值为 1.1。

对于管壁反应,一级反应速率可表达为

$$r = \frac{2k_w k_f C}{R_H(k_w + k_f)} \tag{4-5}$$

零级反应速率可表达为

$$r = \min(k_w, k_f C)(2/R) \tag{4-6}$$

式中，$k_f = Sh \dfrac{D}{d}$。其中，D 为分子扩散率；d 为管径。

对于层流，管道沿程的平均舍伍德数为

$$Sh = 3.65 + \frac{0.0668(d/L)ReSc}{1 + 0.04[(d/L)ReSc]^{2/3}} \tag{4-7}$$

式中，Re 为雷诺数；Sc 为施密特数。

对于紊流，管道沿程的平均舍伍德数为

$$Sh = 0.0149Re0.88Sc^{1/3} \tag{4-8}$$

4.1.2 单物质反应模型求解

高位水池进行模拟时，假设高位水池某时刻池内浓度为 $C(t)$，并且进水在高位水池中得到充分混合，Rossman 等提出了如下公式进行描述。

$$\frac{\partial(V_s C_s)}{\partial t} = \sum_{i \in I_s} Q_i C_{i|x=L_i} - \sum_{i \in O_s} Q_i C_s + r(C_s) \tag{4-9}$$

式中，V_s 为 t 时刻高位水池总水量；C_s 为 t 时刻高位水池蓄水中某个水质指标的浓度；Q_i 为 t 时刻流入高位水池的流量；C_i 为 t 时刻流入高位水池的水中某个水质指标的浓度；I_s 为 t 时刻流入高位水池的管段集合；O_s 为 t 时刻流出高位水池的管段集合。

对于动态工况下管段的水质模拟，假设管段 t 时刻流速为 u_i，t 时刻某点某水质指标浓度为 C_i，且该水质指标在管段中反应规律为 $R(C_i)$，根据全微分方程，可以得到如下公式：

$$\frac{\partial C_i}{\partial t} = -u_i \frac{\partial C_i}{\partial x} + R(C_i) \tag{4-10}$$

对于动态工况下节点的水质模拟，假设 t 时刻所有流入该节点的水的浓度能够瞬间在节点处完成混合，那么可以得到如下公式：

$$C_{i|x=0} = \frac{\sum\limits_{j \in I_k} Q_j C_{j|x=L_j} + Q_{k,\text{ext}} C_{k,\text{ext}}}{\sum\limits_{j \in I_k} Q_j + Q_{k,\text{ext}}} \tag{4-11}$$

式中，$C_{i|x=0}$ 为节点处管段浓度，因为节点一般是下游管段的起点，所以 $x=0$；Q_j 为流入该节点某管段的流量；$C_{j|x=L_j}$ 为流入该节点某管段末梢处的某水质指标的浓度；$Q_{k,\text{ext}}$ 为外部注入该节点的流量；$C_{k,\text{ext}}$ 为外部注入水中某水质指标的浓度。

对于水质方程(4-9)～方程(4-11)的求解，主要采用拉格朗日时间驱动法求解。对于整个管网系统，管网的水质计算流程图如图 4-1 所示。将算法应用到多工况的管网系统，需要与管网的水力模型进行联合求解。水力计算结果主要提供管网的状态及属性信息，从中可以得到管网中各管段的流速、流向、流量及各节点压力分布情况,这些信息代表一段时间内管网的基本服务状况。从这个基本状况出发,可以进行管网的水质模拟计算。

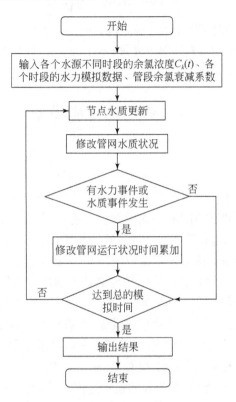

图 4-1　拉格朗日法计算管网水质流程

　　具体的计算流程可以作如下描述:首先根据管网的参数信息及设定的水力条件进行水力计算,得到模拟计算时间内的一系列水力状态,这些状态在某种程度上代表一段时间内管网的运行状况,可以认为一段时间内管网运行比较稳定。从这些管网的运行信息,可以了解到管网的水力工况,调用水质模拟计算,设定计算的外部条件,就得到一段时间管网的水质情况。

　　在拉格朗日法流程第 1 步,流速及流向在水力计算时间跨度里认为是恒定不变的。如果管网中管段的传输速度在微小的时间里不是一个恒定的值,那么需要进一步将时间进行划分,直到满足水力稳定的条件。对整个管网而言,水质和水力模型耦合的条件为

$$\Delta T < H_T \tag{4-12}$$

式中,ΔT 为水质计算时间步长,min;H_T 为水力计算时间步长,min。

　　同时,为了保证水质计算的精度,所有的水力时段内从水源节点流出的单位时

间的长度应该不超过管段的长度,即如式(4-13)所示。

$$\Delta T < \min\left\{\left[\min\left(\frac{L_i}{60 \cdot V_i}\right)\right]_k\right\} \tag{4-13}$$

式中,ΔT 为水质计算时间步长,min;$k=1,2,\cdots,n$,为水力计算的步伐个数;$i=1,2,\cdots,m$,为管网管段数;L_i 为管网中管段 i 的长度,m;V_i 为管网中管段 i 在第 k 个水力时间段的流速,m/s。

4.2　多物质反应模型

对于化学反应方程式

$$\alpha A + \beta B \Longrightarrow \gamma C + \lambda D \tag{4-14}$$

单物质反应模型只能模拟一种物质(如 A)的浓度变化而假定其他反应物(B)是过量的,对于生成物 C 和 D 的浓度一无所知。多物质反应模型则可以同时模拟 A、B、C、D 的浓度变化,前提是输入反应方程式和相应的反应动力学参数。

在单物质反应余氯一级衰减模型中,对于 24h 或 72h 的动态水质模拟,预先设定各管段的反应参数 k_w 和 k_b 在模拟过程中是不变的。实际上,这些参数是变化的,试验得出,初始氯的浓度与余氯衰减速率成反比。如果初始氯浓度很小,它将迅速反应,生成简单的化合物,因此衰减很快;如果初始氯的浓度较高,那么将同时发生快速及非常慢速的反应,因而整个衰减速率会减慢。在 72h 的模拟过程中,投氯量肯定不是一成不变的,因此 k_w 和 k_b 也是变化的。另外,温度和 pH 等因素也会影响 k_w 和 k_b 的变化,同样,在 72h 的模拟过程中,温度和 pH 等因素也肯定不是一成不变的。

对于多水源供水系统,现有的单物质反应模型不能准确地反映出来自不同水源的水质(pH、水温、有机物浓度等)差异和相应的化学反应差异。各水源混合区域是随时间变化的,混合水的反应速率如何确定,是现有单物质反应模型的难题。

针对单物质反应模型的缺陷,多物质反应模型成为研究的热点。多物质反应模型可用于多水源供水系统的余氯模拟、消毒副产物模拟和管网中微生物再生长模拟,能更准确地模拟出水源变更情况下管网水质的变化情况,但是需要确定反应机理和模型参数。

4.2.1　多物质反应模型原理

在供水管网系统中,一般存在两个物理相:流动的主体水(液相)和固定的管壁(固相)。液相中存在多种溶解的化学物质(各种离子、有机物等)、悬浮物和微生物,固相中存在生长环、生物膜等。微生物和有机或无机颗粒物可以通过物理吸附、脱附、化学吸附、分子扩散等途径在固液相之间游移。

根据反应速率,供水管网系统中的化学反应分为两个等级:反应速率足够快并且可逆的反应可以假设反应局部平衡,用平衡方程来描述;反之就不能用平衡方程来描述,而用动力学方程描述。理论上,所有的反应都可以用常微分方程来描述。本节中,微分代数方程用来描述多物质反应模型里主体水中物质、管壁相物质间的相互作用:

$$\frac{\mathrm{d}x_b}{\mathrm{d}t} = f(x_b, x_s, z_b, z_s, p) \tag{4-15}$$

$$\frac{\mathrm{d}x_s}{\mathrm{d}t} = g(x_b, x_s, z_b, z_s, p) \tag{4-16}$$

$$O = h(x_b, x_s, z_b, z_s, p) \tag{4-17}$$

式中,随时间变化的微分变量 x_b 和 x_s 分别为主体水和管壁的向量;随时间变化的代数变量 z_b 和 z_s 相似关联;模型参数 p 不随时间变化而变化;假设代数变量到达系统平衡的时间尺度比综合常微分方程的数值步长小得多;代数方程式 h 必须满足 $z = [z_b z_s]$,以便式(4-15)~式(4-17)的等式数量等于随时间变化的变量 $[x_b, x_s, z_b, z_s]$。

4.2.2　多物质反应模型求解

单物质模型求解采用拉格朗日法,忽略轴向的传播,把管网中的水体分成一个个分离的片段,追踪每个片段的运动和化学反应,这些片段以主体水的流速沿着管道运动,在节点处完全混合,如图 4-2 所示。

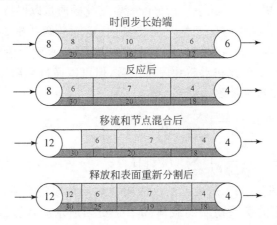

图 4-2　供水管网水质传播四个步骤

这种算法比较高效,因为片段的大小和数量是随水力条件而改变的。首先,在时间步长内管网中每个水体片段和水池都采用反应动力学来计算新的浓度;然后,每个片段的体积和里面的化学物质在计算时间步长内传播到下游节点,与流入节点的其他外源片段完全混合,每个节点处发生化学反应产生新的主体水物质;最后,在管道的上游节点处产生新的水体片段,并继续向下游传播,新的片段大小等于它的管道流体体积,主体水物质浓度等于上游节点的浓度。

多物质水质算法修改了上述求解步骤的第二步,用微分代数方程(4-15)～方程(4-17)替代原有的反应动力学方程。如果 h 关于 z, $\delta h/\delta z$ 平衡反应的雅可比矩阵对于所有的 t 是唯一和非单数的,则意味着方程(4-17)存在

$$z_b = z_b(x_b, x_s, p) \tag{4-18}$$

$$z_s = z_s(x_b, x_s, p) \tag{4-19}$$

z_b 和 z_s 是连续和唯一的,对式(4-18)和式(4-19)的数值评价是求解方程(4-15)～方程(4-17)数值算法的核心内容。把隐含方程(4-18)和方程(4-19)代入方程(4-15)和方程(4-16),消除代数方程(4-17),得到

$$\frac{dx_b}{dt} = f(x_b, x_s, z_b(x_b, x_s, p), z_s(x_b, x_s, p), p) = f'(x_b, x_s, p) \tag{4-20}$$

$$\frac{dx_s}{dt} = g(x_b, x_s, z_b(x_b, x_s, p), z_s(x_b, x_s, p), p) = g'(x_b, x_s, p) \tag{4-21}$$

求解方程(4-20)和方程(4-21)的数值方法有 Runge-Kutta 法。平衡方程必须在邻近管道与外源的入流在节点处完全混合后求解,这是因为混合后会产生新的平衡条件。需要注意协调使以流速运动的主体水片段变量 x_b、z_b 移动的坐标系统和管壁变量 x_s、z_s 固定的坐标系统一致,因为这些变量在管壁和主体水的界面存在相互作用。为了解决这个问题,在每一个水质时间步长内采用质量守恒定律来更新管壁单元,在更新的单元里重新分配管壁变化的质量以保持和水体片段一致。

如图 4-2 所示,在任何单一的水质步长内,运动的筛孔把管壁分为不同的单元,和主体水片段共享固液界面。由于算法向前推进,水质片段也向前推进,尽管在节点处混合后管壁单元和水质片段不一致,但可以通过采用界面面积加权平均值更新管壁物质浓度来消除这种不一致:

$$x_{si}^{new} = \left(\frac{1}{L_i^{new}}\right) \sum_{j=1}^{n} (L_i^{new} \bigcap L_j) x_{sj}, \quad i = 1, 2, \cdots, n^{new} \tag{4-22}$$

$$z_{si}^{new} = \left(\frac{1}{L_i^{new}}\right) \sum_{j=1}^{n} (L_i^{new} \bigcap L_j) z_{sj}, \quad i = 1, 2, \cdots, n^{new} \tag{4-23}$$

式中,i 是水质片段索引;n 是最近的反应阶段水质片段的数量;L_j 是片段 j 的长度;x_{sj} 和 z_{sj} 是相应的管壁物质的载体;n^{new} 是更新后水质片段的数量;L_i^{new}、x_{si}^{new}、z_{si}^{new} 分别是更新后片段的长度和相应的管壁浓度;$L_i^{new} \bigcap L_j$ 是片段 j 和更新后片段 i 间重叠交叉的长度。

求解方程(4-15)和方程(4-16)的数值方法有龙格-库塔法(Runge-Kutta method)、欧拉法(Eulerian method)和罗森布罗克法(Rosenbrock method)。龙格-库塔法适用于非刚性、非线性反应系统;欧拉法适用于非刚性、线性系统;罗森布罗

克法适用于刚性系统。代数方程(4-17)可用牛顿法求解,要求 h 关于代数变量 z_b 和 z_s 的雅可比矩阵用于迭代求解近似线性系统到收敛为止。这是相当消耗计算资源的,因为雅可比必须被数值评价,而且方程(4-17)在每一个时间步长内每一根管道的每一个片段都必须被求解。为了减少计算负担,可在新的常微分方程解产生前,只在时间步长的末端评价平衡方程,代数变量的值维持为与时间步长始端常微分方程被数值化时一样。

4.3　管网水质节点混合模拟方法改进

传统的管网水质模拟一般基于两点假设,一是水质成分在四通管件交叉节点处是完全混合的,二是混合过程是瞬间完成的。然而,有研究者试验得出的结论并不支持这两个假设,如图 4-3 所示。试验结果表明交叉节点处的水质混合是不完全的,把图 4-3 中描述的不完全混合定义为主体水混合(bulk-mixing)。实际上四通管件交叉节点处的水质混合介于完全混合和主体水混合之间。对三通管件来说,则不存在上述问题,水质成分混合可根据质量守恒定律来计算。为了更好地描述交叉节点的水质混合情况,引入调整系数 s,

$$C = C_{bulk} + s(C_{complete} - C_{bulk}), \quad 0 \leqslant s \leqslant 1 \tag{4-24}$$

当 $s=0$ 时,属于不完全混合;当 $s=1$ 时,属于完全混合。下面通过算例来验证新的混合模型对计算结果的改进。此改进适用于两进两出(两根进水,两根出水)的四通管件,对于一进三出或三进一出的四通管件或三通管件,则根据水量的分配和质量守恒定律来计算。

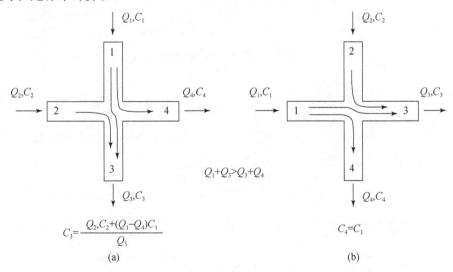

图 4-3　水质成分节点混合图

　　为了验证新的节点混合方式的可行性,采用两种混合方式分别对稳态下的管网进行了计算分析并与试验结果进行对比。如图 4-4 所示,化学物 X 的浓度为 1000mg/L,以 278L/min 的流量进入管网,分两种方案进行计算:①交叉节点处水质完全混合,$s=1$;②交叉节点处水质不完全混合,$s=0.5$。

　　在几个节点取样分析化学物 X 的浓度,并与两种混合方式的计算结果进行比较。图 4-5 是不同混合方式计算结果。对于节点 N1,不完全混合模型($s=0.5$)的节点浓度(721.59mg/L)比完全混合的节点浓度(554.55mg/L)增加了 30%;浓度的减少用负值表示。从模拟计算结果可以看出,采用不同的节点水质混合方式,某些节点的水质模拟结果有较大的出入,如图 4-6 所示。

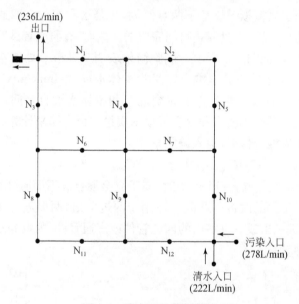

图 4-4　稳态下的算例管网

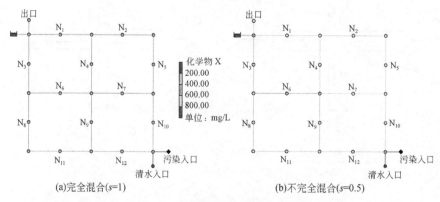

图 4-5　不同混合方式计算结果比较

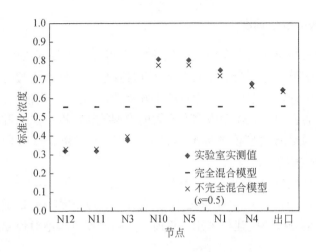

图 4-6　监测节点浓度和计算浓度比较

从图 4-6 的比较结果可以看出,交叉节点处水质不完全混合模型($s=0.5$)的计算结果和监测结果非常吻合,验证了这种混合方式的可靠性。当然,可根据不同的水质和水量调整 s,直到满足精度。图 4-6 中,纵坐标的标准化浓度等于某节点处化学物浓度与初始浓度 1000mg/L 的比值,例如,完全混合模型中节点 N12 的标准化浓度为 554.55/1000,等于 0.554。

4.4　水质模型校核方法改进

模型的校核是管网水质模拟的重要部分,供水管网水力模型是基于管网监测点的压力、流量进行校核,而供水管网水质模型是基于管网中水质监测点余氯、三卤甲烷浓度等水质指标的监测值进行校核的。

虽然管网水质模型有很多类型,但它们都是以水力模型为基础的。水质模型以水力模型的结果作为输入数据,动态模型需要每一管道的水流状态变化和容器的储水体积变化等水力学数据,这些数据可以通过管网水力分析计算得到。大多数管网水质模拟软件都将水质和水力模拟计算合而为一,管网水质模拟计算需要水力模型提供的流向、流速、流量等数据,因此水力模型会直接影响水质模型的应用。

对于大规模管网系统,可先校核水力模型,保存水力延时模拟的结果文件,然后在校核水质模型时调用保存的水力模拟结果;对于中小规模的管网系统,可同时对水力参数和水质参数进行校核。

4.4.1 水质模型校核标准

按照研究所涉及的水质参数,管网水质模型可分为余氯衰减模型、消毒副产物模型和微生物学模型等。余氯衰减模型和 THM 模型已经在天津等城市得到初步应用。由于微生物学模型中存在大量的未知参数,未能在更大范围内应用。

不同类型的管网水质模型应该有不同的模型校核标准。国内和国际上目前都还没有任何管网水质模型校核标准的相关资料。下面初步探讨余氯衰减模型和 THM 模型的校核精度建议值。

对于余氯衰减模型,根据《生活饮用水卫生标准》(GB 5749—2006),出厂水中氯气及游离氯制剂(游离氯)$\geqslant$0.3mg/L,一氯胺(总氯)$\geqslant$0.5mg/L,管网末梢余氯$\geqslant$0.05mg/L,模型校核精度建议采用计算值与实测值差值的绝对值与出厂水余氯浓度的比值:

$$\delta = \frac{|x-X|}{\lambda} \times 100\% \tag{4-25}$$

式中,δ 为余氯衰减模型校核精度指标,%;x 为模型计算的余氯浓度,mg/L;X 为监测点实测的余氯浓度,mg/L;λ 为出厂水的余氯浓度,mg/L。

对于 THM 模型,《生活饮用水卫生标准》(GB 5749—2006)规定,三卤甲烷(三氯甲烷、一氯二溴甲烷、二氯一溴甲烷、三溴甲烷的总和)中各种化合物的实测浓度与其各自限值的比值之和不超过 1,其中三氯甲烷、一氯二溴甲烷、二氯一溴甲烷、三溴甲烷的限值分别为 0.06mg/L、0.1mg/L、0.06mg/L、0.1mg/L,模型校核精度建议采用计算值与实测值差值的绝对值与《生活饮用水卫生标准》(GB 5749—2006)中规定的限值的比值:

$$\delta = \frac{|x-X|}{\kappa} \times 100\% \tag{4-26}$$

式中,δ 为 THM 模型校核精度指标,%;x 为模型计算的 THM 浓度,mg/L;X 为监测点实测的 THM 浓度,mg/L;κ 为《生活饮用水卫生标准》(GB 5749—2006)中规定的 THM 限值,mg/L。

没有大量的实践很难得出模型校核精度指标 δ 的范围。管网水质建模的实践较少,总体来说,所有水质监测点的 δ 都小于 25% 是可以接受的模型。

行业标准是对没有国家标准而又需要在全国某个行业范围内统一的技术要求所制定的标准。根据《行业标准管理办法》第三条,需要在行业范围内统一技术要求,可以制定行业标准,其中包括工程建设的勘察、规划、设计、施工及验收的技术要求和方法。供水管网模型校核标准属于工程建设验收的技术要求和方法,这方面尚缺少统一的技术要求。由于模型校核标准取决于建模的目的,不同用途的模型所需的精度是不同的,需要大量的建模实践才能统一管网模型校核的技术要求。

4.4.2　水质模型自动校核改进

由于只能对管网中有限个代表性的管段进行特性系数的现场实测,然后根据管道属性推算其他管道的参数,这将不可避免地导致水力模型和水质模型存在一定误差。为了水力模型和水质模型能更好地与实际管网运行工况吻合,需要对水力模型和水质模型的参数进行校核。

校核的目标函数如下所示:

$$\min \sum_{j=1}^{n} \Big[\sum_{t=1}^{T} (C_{j,t} - C_{j,t}^{\text{sim}})^2 \Big] \tag{4-27}$$

式中,$C_{j,t}$ 为第 j 个水质监测点第 t 个时段测得的水质指标浓度,mg/L;$C_{j,t}^{\text{sim}}$ 是根据水质模型计算出的第 j 个水质监测点第 t 个时段的水质指标浓度,mg/L;n 为测压点总个数;T 为水质监测点总个数。

数学上综合表达为

$$求解: X = (f_i, m_{j,t}, s_{k,t}, k_b, n_b, C_L, k_{w,i}, n_{w,i})$$
$$最小化: F(X) \tag{4-28}$$

式中,f_i 为管道 i 的阻力系数或调整系数;$m_{j,t}$ 为节点 j 在时间 t 的用水量调整系数;$s_{k,t}$ 为元件 k(管道、阀门和水泵)在时间 t 的运行状态;k_b 为水体反应系数;n_b 为水体反应级数;C_L 为浓度极限;$k_{w,i}$ 为管道 i 的管壁反应系数;$n_{w,i}$ 为管道 i 的管壁反应级数;$F(X)$ 为误差目标函数。

本节对交叉节点的水质混合计算方法进行了改进,而改进方法的节点水质混合调整系数 s 不是千篇一律的,而是与管网中四通交叉节点的具体情况相关,因此很难通过试验逐一确定,可以通过模型自动校核的参数优化方法,由 GA 自动搜索出最优的交叉节点水质混合调整系数 s,即

$$求解: X = (f_i, m_{j,t}, s_{k,t}, k_b, n_b, C_L, k_{w,i}, n_{w,i}, s)$$
$$最小化: F(X) \tag{4-29}$$

参数优化过程中,需要优化的参数越多,遗传进化的过程就越慢,对于大规模管网系统更是如此,因此可以进行分步优化,先进行水力模型的校核,校核后对满足精度的水力模型进行 24h 的水力延时模拟,保存水力模拟结果的二进制文件,然后进行水质模型校核的参数优化,水质参数优化的过程调用二进制的水力模拟结果,这样就不需要在优化过程中反复进行水力计算,大大节省了优化时间,即

$$求解: X = (k_b, n_b, C_L, k_{w,i}, n_{w,i}, s)$$
$$最小化: F(X) \tag{4-30}$$

1. 主体水反应校核

主体水反应是在管道流动的水里或在水池里发生的反应,不被管壁反应所影

响。水质模型用 n 级动力学模拟这些反应,假设瞬间反应速率 R 取决于浓度:

$$R(c_j) = \lambda_j c_j^n \qquad (4\text{-}31)$$

式中, λ_j 为主体水反应速率系数; c_j 为节点 j 处的反应物浓度; n 为反应级数。当最终的生成物或衰减物有一个限制浓度时,有

$$R(c_j) = \lambda_j (c_L - c_j) c_j^{n-1} \qquad (4\text{-}32)$$

式中, c_L 为限制浓度。衰减反应时用 $(c_j - c_L)$ 取代 $(c_L - c_j)$ 。

因此,参数 λ_j 、 c_L 和 n 是主体水反应动力学模型的关键。主体水反应校核主要是调整这三个参数。以余氯衰减模型为例,主体水反应系数 k_b 与各水厂供水的已加氯浓度有关。对于单水源系统,在模拟过程中可假定所有管道的 k_b 是相同的,模拟前实测其中一根管道就可得出所有管道的 k_b ;对于多水源系统,可以进行水力模拟确定各水源供水区域,在各自的供水区域内假定 k_b 是相同的,一个水源只需实测其中一根管道的 k_b 。因此,无论单水源还是多水源系统,校核过程中都可对各水源供水区域内管道的 k_b 进行统一调整,节约寻优计算时间。当然,由于各水源供水区域是随时间变化的,混合区域管道的 k_b 还有待进一步研究。另外,尽管余氯衰减有零级、一级、二级甚至 n 级模型,应用最多的还是一级模型,可假定余氯衰减为一级模型,即 $n=1$,这样减少了需要调整的参数,也加快了校核进程。

2. 管壁反应校核

管壁反应动力学模型可表示为

$$R(c_j) = (A/V) k_w c_j^n \qquad (4\text{-}33)$$

式中, k_w 是管壁反应速率系数; A/V 是管道中单位体积水接触的管壁表面积; n 是管壁反应级数,管壁反应一般分零级和一级反应, n 的取值为 0 或 1。管壁反应校核主要是调整 k_w 和 n 这两个参数。

以余氯衰减模型为例,管壁反应速率系数 k_w 与管龄、管材、管径有关,因此不同管道的 k_w 是不同的。在模拟前需要进行参数的初始值设定,可对不同管龄、管材的典型管道进行实测,根据一定数量的实测结果拟合曲线推求其他管道的 k_w 初始值。

管壁反应校核主要有直接校核法和关联校核法。直接校核法就是直接优化 k_w 和 n 这两个参数。一般认为相同属性(管龄、管材等)的管道发生管壁反应的动力学是一样的,可以把不同属性的管道分成几个不同的组进行校核。关联校核法是通过调整关联系数进行校核。Vasconelos 等的研究表明,金属管道管壁反应速率系数 k_w 与管道摩阻系数 C 是呈函数关系的。随着管龄的逐渐增大, C 逐渐变小,管壁和化学物质的反应活性逐渐增大。所以,通过调整 C 可以间接调整 k_w 。

4.4.3 水质模型自动校核结果分析

以 T 市的余氯衰减模型为例。该市有两个水源,水源 A 的初始加氯浓度 24h

平均值为 1.2mg/L,根据实测结果,水源 A 供水区域内管道的 k_b 初始值设为
$-0.05h^{-1}$;水源 B 的初始加氯浓度 24h 平均值为 1.0mg/L,水源 B 供水区域内管
道的 k_b 初始值设为 $-0.06h^{-1}$。管壁反应系数 k_w 按照一定数量的实测结果拟合
曲线推求而得,数据范围为 $-0.82\sim-0.36h^{-1}$。初始的节点水质混合系数 s 设为
0.5,调整区间为 $0\sim1$,间隔为 0.1,即 s 可调整的范围是 $\{0,0.1,0.2,0.3,0.4,$
$0.5,0.6,0.7,0.8,0.9,1.0\}$。

校核过程中,根据水力模拟确定两个水源供水区域,在各自的供水区域内假定
k_b 是相同的,各设置一个调整系数统一进行调整。假定余氯衰减为一级模型,限制
浓度 c_L 定为 0.05mg/L(《生活饮用水卫生标准》(GB 5749—2006)),这样自动校核
过程需要调整的系数只有 k_b 和节点水质混合系数 s,管壁反应系数 k_w 通过调整摩
阻系数 C 而间接调整。k_b 按各水源供水区域分成两组统一调整,节点水质混合系
数 s 的调整范围也不大,这样极大地降低了计算强度,节约了自动校核的计算
时间。

管壁反应速率系数 k_w 通过调整摩阻系数 C 来间接调整。根据 T 市管网不同
管龄的铸铁管道 C 和 k_w 的实测数据,对于铸铁管道,C 与 k_w 存在线性关系,如图
4-7 所示,可拟合出以下经验公式($R^2=0.97$):

$$k_w=0.0168C-2.2952 \tag{4-34}$$

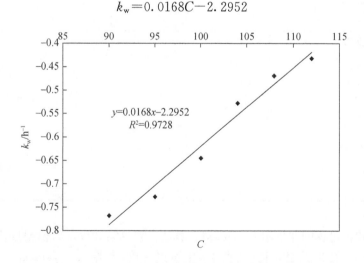

图 4-7　铸铁管道摩阻系数 C 和管壁反应速率系数 k_w 的关系

从图 4-7 可以看出,在水力模型校核的过程中,管道摩阻系数已经得到优化结
果,相应的管壁反应速率系数也得到关联优化,因此在水质模型校核过程中不再重
复这个优化过程。式(4-34)是 T 市铸铁管实测数据的拟合结果,对于其他管材的
管道,C 与 k_w 是否存在线性关系或其他关系,还需要进一步研究。对于不同城市

的供水管网管道,C 与 k_w 的关系是不同的,因此不能套用,需分别实测分析。

在校核完好的水力模型基础上,进行人工手动校核来初步调整水质参数,分析得出比较敏感的几组调整参数,然后进行模型的自动校核。首先进行一次 24h 的水力延时模拟,保存二进制结果文件。在评估每组水质模型参数过程中自动调用水力计算结果文件进行水质计算。通过对比模型计算结果和管网实测数据,不断自动调整模型参数和调用水力计算结果进行水质计算,使模型计算均方误差达到最小。校核数据为管网中某监测点 24h 实测水质数据。

表 4-1 余氯衰减模型参数自动优化结果

水源 A 和 B	k_b/h^{-1}	k_w/h^{-1}	s
管段 A1	−0.043	−0.435	—
管段 A2	−0.043	−0.727	—
管段 A3	−0.043	−0.644	—
⋮	⋮	⋮	⋮
节点 A1	—	—	0.5
节点 A2	—	—	0.6
节点 A3	—	—	0.4
⋮	⋮	⋮	⋮
管段 B1	−0.051	−0.469	—
管段 B2	−0.051	−0.527	—
管段 B3	−0.051	−0.460	—
⋮	⋮	⋮	⋮
节点 B1	—	—	0.7
节点 B2	—	—	0.4
节点 B3	—	—	0.6
⋮	⋮	⋮	⋮

自动校核过程同样采用 fmGA 算法,算法设置见第 3 章水力模型自动校核。自动校核的部分结果见表 4-1。从表 4-1 中可以看出,水源 A 的参数 k_b 优化结果为 −0.043h^{-1},水源 B 的 k_b 优化结果为 −0.051h^{-1},节点水质混合系数 s 为 0~1.0 不等。

24h 延时模拟计算结果和实测数据对比如图 4-8 所示。通过监测点实测数据和计算结果的对比可以发现,绝大多数计算时段内模拟结果和监测结果误差在 0.05mg/L 以内,两者符合良好。

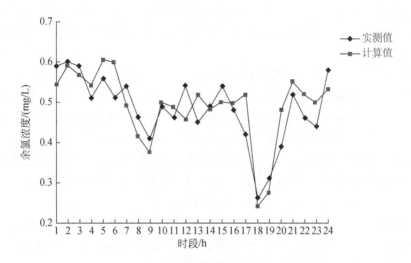

图 4-8　24h 余氯浓度计算结果与实测数据对比

4.5　管网细菌再生长模型应用

出厂水中所含有机物是细菌在供水管网中再生长的必要条件,当有机物含量高时,即使保持很高的余氯,管网中仍可检出几十种细菌,除少数铁细菌和硫细菌外,主要是以有机物为基质的异养菌。国际上通常采用异养菌平板计数(heterotrophic plate count,HPC)评价异养菌数量,因此测定和模拟 HPC 对防治管网水质二次污染有重要意义。美国和加拿大的饮用水标准中规定饮用水中HPC 上限值为 500CFU/mL(美国国家饮用水标准 1996 年 10 月版;加拿大饮用水水质标准 1996 年 4 月版)。

4.5.1　单物质反应模型对异养菌的间接模拟

可同化有机碳(AOC)是评价管网水中异养菌生长潜力的指标,研究发现,管网水中 AOC 与 HPC 有明显的相关性。本节通过 AOC 的模拟,间接模拟管网中的 HPC 分布。进行 AOC 模拟之前,首先必须进行 AOC 动力学的研究。

1. AOC 动力学研究

AOC 的反应动力学研究是相当复杂的课题。Nitisoravut 初步研究了生物反应器中 AOC 的动力学[32]。Servais 等和 Patrick 等分别提出了生物滤池中 BDOC的动力学模型、SANCHO 模型和 CHABROL 模型,对研究 AOC 的动力学有一定的借鉴作用。但是,该模型中存在大量的未知参数,而且没有得到其他研究者试验数据的验证。因此,应进一步研究如何简化模型、减少试验参数并进行验证。对 AOC 的动力学研究还停留在生物反应器阶段,对实际管网中的 AOC 的反应动力学研究还未见报道。

效率因子是微生物系统模拟的重要概念。效率因子定义为实际的本底有机物消耗与理论的反应速率的比值。在管网水质异养菌系统中,本底有机物和固定在管壁上的微生物的反应一般发生在生物膜表面或里面。水中的有机物必须从主体水中传播到管壁停滞流层,然后传播到微生物表面,扩散和反应同步进行。传播到微生物表面的有机物浓度 S_s 小于主体水中的有机物浓度 S_b。本底有机物和微生物的反应速率取决于 S_s。Grady 和 Lim 认为 S_s 等于 S_b 乘以效率因子 η。

$$S_s = S_b \eta \tag{4-35}$$

效率因子 η 分两部分:从主体水传播到生物膜表面的 η_e 和从生物膜表面传播到里面的 η_i。η_e 和 S_b 呈正相关关系,并沿着管线逐渐衰减。η_i 是泰勒模数 φ 的函数。φ 越小,生物膜越薄,反应速率越慢,扩散越快。

数学上,泰勒模数定义如下:

对于一级反应,

$$\varphi = L_c \sqrt{\frac{\alpha_s (q_m'' / K_s)}{D_e}} \tag{4-36}$$

式中,L_c 为生物膜的厚度;α_s 为单位长度可利用的生物膜表面积;q_m'' 为单位面积最大的本底有机物去除率;K_s 为 Monod 表达的半速度;D_e 为有效的扩散率。

对于 Monod 动力学,

$$\varphi_p = \frac{\varphi K}{(1+K)\sqrt{2K - 2\ln(1+K)}} \tag{4-37}$$

式中,φ_p 为一般模数,K 定义为 S_b / K_s。

2. 反应器中 AOC 的反应动力学研究

城市供水管网是一个巨大的管式反应器,水在其中发生复杂的物理、化学和生物变化。由于实际管网的复杂性,在实际管网中研究考察 AOC 的动力学很困难,可以利用实验室规模的反应器研究 AOC 的动力学,如图 4-9 所示。

反应器长度为 L,进水流量为 Q,进水 AOC 浓度为 S_0,与回流比为 R、AOC 浓度为 S_e 的出水回流混合后 AOC 浓度为 S_i,所以通过反应器的流量为 $(1+R)Q$,AOC 浓度由于生物作用从 S_i 减少到 S_e。利用微积分的思想,对微元进行分析,可用式(4-38)来描述 AOC 在反应器中的稳态质量平衡:

$$-(1+R)Q \frac{dS_b}{dx} + r_s'' \alpha_s = 0 \tag{4-38}$$

式中,R 为回流比;r_s'' 为单位面积微生物载体的 AOC 消耗率。

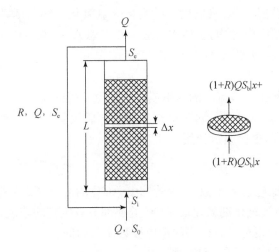

图 4-9　反应器示意图

引入效率因子的概念,Monod 动力学可以写成

$$-r''_s = \left[\frac{q''_m S_b}{(K_s + S_b)}\right]\eta_0 \tag{4-39}$$

式中,η_0 为结合 η_e 和 η_i 的总效率因子。

当 K_s 远大于 S_b 时,式(4-39)变成一级反应表达式:

$$-r''_s = (q''_m/K_s)\eta_0 S_b \tag{4-40}$$

因此,式(4-38)可以写成

$$\frac{dS_b}{dx} + \left[\frac{q''_m a_s}{(1+R)QK_s}\right]\eta_0 S_b = 0 \tag{4-41}$$

假设 η_0 在整个管线中是一个常数,则

$$\frac{S_e}{S_i} = \exp\left[\frac{-(q''_m/K_s)\eta_0 a_s}{(1+R)QL}\right] \tag{4-42}$$

其边界条件如下:$x = 0$ 时,$S_b = S_i$,其中 $S_i = (S_0 + RS_e)/(1+R)$;$x = L$ 时,$S_b = S_e$。

3. 实际管网中 AOC 的反应动力学研究

AOC 在实际管网中的变化受氯氧化和细菌活动的双重影响,氯氧化使 AOC 增加,细菌活动使 AOC 减少。由于实际管网的复杂性,故做以下假设:①所有或一定比例的 AOC 作为细菌生长的能量源和碳源,并且反应速率是有限制的;②微生物均匀地分布在管壁表面,而不是悬浮在主体水中,被主体水中微生物利用的 AOC 可以忽略,因为主体水中的微生物相对于附着在管壁表面的微生物而言数量非常少;③AOC 通过水力流层扩散到管壁表面,被附着在表面的微生物用于自身生长。

根据以上假设把 AOC 在管网中的变化受氯氧化和细菌活动的双重影响分为主体水反应和管壁反应考虑,主体水反应主要考虑 AOC 在管网中的变化受氯等氧化剂的影响,管壁反应考虑 AOC 受细菌活动的影响。

1)主体水反应

主体水反应是在管道流动的水里或在水池里发生的反应,不被管壁反应影响。管网中的消毒剂(氯、臭氧等)同时也是氧化剂。假设瞬间反应速率取决于氧化剂浓度和有机物浓度,根据质量作用定律,有

$$\frac{\mathrm{d}C}{\mathrm{d}t} = kC_o^m C_p^n \tag{4-43}$$

式中,k 为主体水反应速率系数;C 为管网中 AOC 的浓度;C_o 为管网中氧化剂的浓度;C_p 为潜在的能被氧化剂氧化成 AOC 的那部分有机物的浓度;m 为相对于氧化剂的反应级数;n 为相对于有机物的反应级数;t 是时间。

假设主体水反应是一级反应,则

$$\frac{\mathrm{d}C}{\mathrm{d}t} = kC_o C_p \tag{4-44}$$

认为潜在的能被氧化剂氧化成 AOC 的那部分有机物的浓度等于 AOC 最大生成潜能与现存 AOC 的差值,则

$$\frac{\mathrm{d}C}{\mathrm{d}t} = kC_o(C_m - C) \tag{4-45}$$

对其积分得到

$$C = C_m - e^{\alpha - kC_o t} \tag{4-46}$$

令 $A = e^\alpha$,则

$$C = C_m - Ae^{-kC_o t} \tag{4-47}$$

式中,α 为调整系数,可以通过参数估计的方法在模型校核时计算得到;C_m 为 AOC 最大生成潜能。C_o 可以通过试验进行测定,氧化剂浓度 C_o 也可以很方便地测定,反应速率 k 可以通过参数估计的方法在模型校核时计算得到,但是为了减少模型校核的寻优时间,也可以通过试验测定。

为了得到初始的模型参数,在新敷设的小区管网(新管可忽略管壁反应)上进行现场取样并带回无菌实验室进行测试,在熟练掌握和运用 AOC 生物修订法案的基础上,对测试方法进行简化和改进,以 100mL 具塞玻璃锥形瓶代替 45mL 硅硼酸盐管形瓶,将测试水样量由 40mL 增加到 100mL,将 9 个平行水样减少到 6 个,降低测试工作强度。

在管网改造过程中,新建一条主供水管通往某小区,取样点沿着该新管布设,根据管网平差计算可以得出每条管段的平均流速,取样间隔按每隔 1h 计,这样就能得出取样点之间的距离,然后按照这个距离在该新管上沿程布设取样点。当然,在实际操作中很难在精确的时间取样。

余氯检测采用 HACH 公司生产的 46700-00 型余氯仪。AOC 的测定方法:以

饮用水中普遍存在的荧光假单胞菌 P17 和螺旋菌 NOX 为测试菌株,以乙酸钠作为标准营养基质,采用先后接种法将 P17 和 NOX 分别接种在标准乙酸钠溶液和水样中,在 22～25℃ 下培养至平台期再对培养液进行平板计数,根据待测水样接种的菌株 P17 和 NOX 的生长稳定期菌落数和产率系数求出待测水样的 AOC 浓度。一个水样分 3 个水平样进行测试,测试结果为(3 个平行样的平均值±标准偏差)。

多次取样试验结果表明:主体水中 AOC 浓度随时间的变化基本符合式(4-47)的动力学方程,按式(4-47)拟合的几组数据 R^2 为 0.7～1.0,拟合最好的一组数据如图 4-10 所示。图中余氯的衰减,部分是因为与天然有机物反应生成 AOC,部分被管网水中其他物质所消耗。

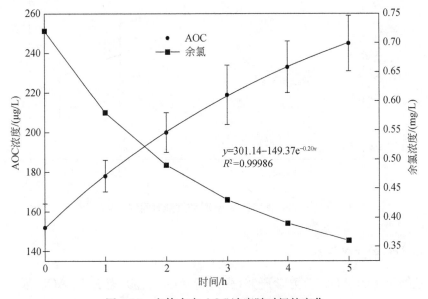

图 4-10　主体水中 AOC 浓度随时间的变化

2)管壁反应

管壁反应动力学模型可表示为

$$\frac{dC}{dt} = -(A/V)k_w C^n \tag{4-48}$$

假设管壁反应为一级反应,即 $n=1$,两边积分得

$$C = e^{\alpha - (A/V)k_w t} \tag{4-49}$$

同样令 $A = e^\alpha$,则

$$C = Ae^{-(A/V)k_w t} \tag{4-50}$$

式中,k_w 为管壁反应速率系数;A/V 为管道中单位体积水接触的管壁表面积;n 为

管壁反应级数。k_w、n 和调整系数 A 可以通过参数估计的方法在模型校核时计算得到。

在管网末梢（余氯浓度在 0.2mg/L 以下，氯氧化作用可忽略）进行现场取样测试，多次实验结果表明，管壁反应中 AOC 浓度随时间的变化基本符合式（4-50）的动力学方程。拟合最好的一组数据如图 4-11 所示，其他几组数据 R^2 为 0.7～0.9。

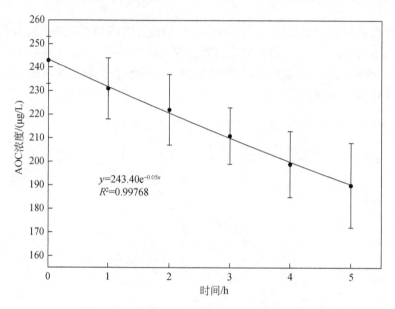

图 4-11　管壁反应 AOC 浓度随时间的变化

4. HPC 的间接模拟

根据前面的 AOC 动力学研究，先进行 AOC 模拟，然后把 AOC 浓度转换成 HPC。

根据 Isabel 的研究，臭氧化后的管网水中 HPC 和 AOC 的关系见式（4-51）。当然，不同的水质导致不同管网的 HPC 和 AOC 相关性是不同的；不同的管材和管龄导致每条管道中 HPC 和 AOC 相关性也有差异。逐条管道实测不太现实，只能假设所有管道转换关系都一样。

$$HPC = 2.00e^{0.011AOC} \tag{4-51}$$

从实际管网中不同地点取样分析，取样点包括小区用户水龙头、屋顶水箱、水塔、消火栓和管网末梢。取样分析结果如图 4-12 所示，管网水中 HPC 和 AOC 有良好的相关性，拟合后的关系式为

$$\ln(HPC) = 0.0112AOC + 3.8587 \tag{4-52}$$

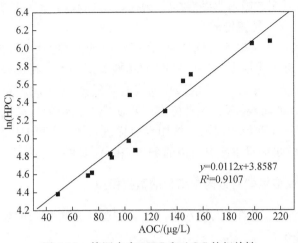

图 4-12　管网水中 HPC 和 AOC 的相关性

　　为了使计算结果更具有代表性,算例管网选择 EPANET 安装包提供的第三个算例管网。该管网水力工况运行复杂,管段中流向在模拟过程中经常发生变化,节点流量在模拟过程中变化较大。管网中有 2 个水源、2 台水泵、3 个高位水池、92 个节点、117 条管段。总的模拟时间为 24h,水力计算时间步长为 1h,水质计算时间步长为 5min。部分节点的模拟结果见表 4-2。

表 4-2　微生物再生长间接模拟结果

节点编号	AOC/(μg/L)	HPC/(CFU/mL)	节点编号	AOC/(μg/L)	HPC/(CFU/mL)
35	133.74	212.00	184	175.52	338.50
101	175.21	337.32	185	175.64	338.95
103	172.23	326.25	187	172.77	328.23
105	176.57	342.50	191	174.20	333.53
107	171.80	324.68	193	176.14	340.85
109	181.36	361.38	195	177.20	344.92
111	176.98	344.08	197	173.90	332.41
115	173.60	331.29	204	172.56	327.46
117	172.90	328.71	205	180.24	356.87
147	204.41	467.82	207	180.19	356.67
183	177.19	344.89	208	182.85	367.46

　　从表 4-2 的模拟结果可以看出,管网水 AOC 浓度为 $130 \sim 205 \mu g/L$,只有一个

节点的 AOC 浓度超过国内业界推荐的 $200\mu g/L$，而且所有节点的 HPC 都不超过 500CFU/mL，属于生物稳定的水。

间接模拟和直接模拟各有优缺点，直接模拟的模型参数多，很多参数难以确定，而间接模拟每条管道 HPC 和 AOC 的转换关系是不一样的，就像管道摩阻系数不可能全都实测一样，目前只能假设所有管道转换关系都一样。对于不同管道中 HPC 和 AOC 的转换关系，还有待进一步研究。初步的想法是通过大量实测，对典型管材、管龄和管径管道内的饮用水取样进行 AOC 和 HPC 测试分析，拟合得出其相关关系，进而推求所有管道的 HPC 和 AOC 的转换关系。

4.5.2 多物质反应模型对管网中细菌的直接模拟

下面的算例是加氯消毒的供水管网系统中微生物再生长的模拟，算例中的模型及参数见表 4-3。

表 4-3　微生物再生长模型详细参数

项目	参数
Species	$T=$ Lake tracer(mg/L)
	$C=$ Bulk free chlorine concentration(mg/L)
	$S=$ Bulk organic substrate concentration(mg/L as carbon)
	$X_b=$ Free biomass($\mu g/L$ as carbon)
	$X_a=$ Fixed(attached)biomass($\mu g/cm^2$ as carbon)
Parameters	$K_{b1}=0.05$(Chlorine decay constant for River water(d^{-1}))
	$K_{b2}=0.74$(Chlorine decay constant for Lake water(d^{-1}))
	$C_C=0.20$(Characteristic chlorine concentration(mg/L))
	$C_{tb}=0.03$(Threshold for inactivation of free biomass(mg/L))
	$C_{ta}=0.10$(Threshold for inactivation of fixed biomass(mg/L))
	$\mu_{max,b}=0.20$(Maximum growth rate for free biomass(h^{-1}))
	$\mu_{max,a}=0.20$(Maximum growth rate for fixed biomass(h^{-1}))
	$K_s=0.40$(Half-saturation constant(mg/L))
	$K_{det}=0.03$(Biomass detachment rate constant($h^{-1}(ft/s)^{-1}$))
	$K_{dep}=0.08$(Biomass deposition rate constant(h^{-1}))
	$K_d=0.06$(Biomass decay constant(h^{-1}))
	$Y_g=0.15$(Bacterial yield coefficient(mg/mg))
Intermediate Terms	$K_b=(TK_{b2}+(1-T)K_{b1})$(Overall bulk chlorine decayconstant(h^{-1}))
	$I_b=\exp(-(C-C_{tb})^2/C_c)$(Free biomass inactivation(1.0 for$C<C_{tb}$)
	$I_a=\exp(-(C-C_{ta})^2/C_c)$(Fixed biomass inactivation(1.0 for$C<C_{ta}$)
	$\mu_b=I_b\mu_{max,b}S/(S+K_s)$(Free biomass growth rate(h^{-1}))
	$\mu_a=I_a\mu_{max,a}S/(S+K_s)$(Fixed biomass growth rate(h^{-1}))

项目	参数
Intermediate Terms	U=flow velocity(ft/s)(from hydraulic results) A_v=pipe surface area per unit volume(ft^{-1})(fromhydraulic results)
Reaction Rates	$dT/dt=0$ $dC/dt=-K_b C$ $dS/dt=-(\mu_a X_a A_v+\mu_b X_b)/Y_g/1000$ $dX_b/dt=(\mu_b-K_d)X_b+K_{det}X_a U A_v-K_{dep}X_b$ $dX_a/dt=(\mu_a-K_d)X_a-K_{det}X_a U+K_{dep}X_b/A_v$

　　模拟采用 EPA 多物质反应模拟软件 EPANET-MSX,把表中的参数和反应过程写成 EPANET-MSX 的文件格式,见表 4-4。

表 4-4　微生物再生长模型输入文件表

```
[TITLE]
Two- Source Biofilm Model
[OPTIONS]
AREA_UNITS    CM2
RATE_UNIT     SHR
SOLVER        RK5
TIMESTEP      300
RTOL          0.001
ATOL          0.0001
[SPECIES]
BULK TL   MG   0.01    0.001; Lake tracer
BULK CL2 MG    0.01    0.001; chlorine
BULK S    MG   0.01    0.001; organic substrate
BULK Xb   UG   0.001   0.0001; mass of free bacteria
WALL Xa   UG   0.001   0.0001; mass of attached bacteria(ug/ft2)
BULK Nb   log(N); number of free bacteria
WALL Na   log(N); number of attached bacteria
[TERMS]
Kb   Kb2/24* TL+Kb1/24* (1.0-TL)          ; CL2 decay coeff.
Ib EXP(-STEP(CL2-CL2Tb)*(CL2-CL2Tb)/CL2C) ; Xb inhibition coeff.
Ia EXP(-STEP(CL2-CL2Ta)*(CL2-CL2Ta)/CL2C) ; Xa inhibition coeff.
MUb MUMAXb* S/(S+Ks)* Ib                   ; Xb growth rate coeff.
MUa MUMAXa* S/(S+Ks)* Ia                   ; Xa growth rate coeff.
```

```
[COEFFICIENTS]
CONSTANT  Kb1     1.3    ;source 1 decay const.(1/days)
CONSTANT  Kb2     17.7   ;source 2 decay const.(1/days)
CONSTANT CL2C     0.20;characteristic CL2(mg/L)
CONSTANT CL2Tb    0.03;threshold CL2 for Xb(mg/L)
CONSTANT CL2Ta    0.10;threshold CL2 for Xa(mg/L)
CONSTANT MUMAXb   0.20;max. growth rate for Xb(1/hr)
CONSTANT MUMAXa   0.20;max. growth rate for Xa(1/hr)
CONSTANT Ks       0.40;half saturation constant(mg/L)
CONSTANT Kdet     0.03;detachment rate constant(1/hr/(ft/s))
CONSTANT Kdep     0.08;deposition rate constant(1/hr)
CONSTANT Kd       0.06;bacterial decay constant(1/hr)
CONSTANT Yg       0.15;bacterial yield coefficient(mg/mg)
[PIPES]
RATE      TL    0.0
RATE      CL2   -Kb*CL2
RATE      S     -(MUa*Xa*Av+MUb*Xb)/Yg/1000
RATE      Xb    (MUb-Kd)*Xb+Kdet*Xa*U*Av-Kdep*Xb
RATE      Xa    (MUa-Kd)*Xa-Kdet*Xa*U+Kdep*Xb/Av
FORMULA Nb    LOG10(1.0e6*Xb)
FORMULA Na    LOG10(1.0e6*Xa)
[TANKS]
RATE      TL     0.0
RATE CL2-Kb*CL2
RATE S-MUb*Xb/Yg/1000
RATE Xb(MUb-Kd)*Xb
FORMULA Nb LOG10(1.0e6*Xb)
[QUALITY]
NODE   4   TL    0.0
NODE   4   CL2   1.2
NODE   4   S     0.4
NODE   4   Xb    0.01
NODE   5   TL    1.0
NODE   5   CL2   1.2
NODE   5   S     1.0
NODE   5   Xb    0.01
```

```
[REPORT]
NODES    ALL
LINKS    ALL
SPECIE CL2   YES
SPECIE S     YES
SPECIE Nb    YES
SPECIE Na    YES
[SOURCES]
CONCEN SrcNode CL2 1.2
CONCEN SrcNode S   0.4
CONCEN SrcNode Xb  0.01
```

模拟结果如图 4-13 所示。

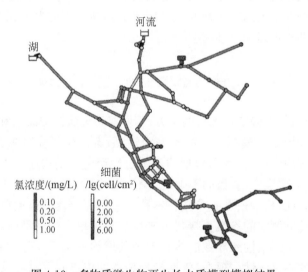

图 4-13　多物质微生物再生长水质模型模拟结果

可以看出,对于多水源系统,多物质反应模拟解决了传统单物质水质模拟只适用单水源系统的弊端,通过设定各组分的反应关系和参数进行各种反应的模拟和物质的传输模拟。模拟中湖泊和河流两个水源的初始氯浓度都为 1.2mg/L,其他节点的初始氯浓度均为 0.5mg/L,通过 72h 的水质延时模拟,除离水源特别近的几个节点外,大部分节点的余氯浓度为 0.2~0.5mg/L,末梢节点的余氯浓度为 0~0.2mg/L。对于管段中的细菌,图 4-13 显示的是主体水中自由细菌和管壁吸附的细菌的总和,所有管段的细菌总数都在 10^6 cell/cm^2 以内。

第 5 章 供水管网不确定性来源与变量随机性分析

城市中的供水管网深埋地下,且随着逐年不断的更新改造发展形成一个复杂的网络系统。该系统结构复杂、规模庞大,且与城市的全部用户相连,受多种因素影响,难以描述与表征。自 20 世纪 80 年代开始,人们利用现代数学的手段和计算机技术,探索描述该复杂系统的方法,寻找通过数学模型及其相关计算过程表征给水管网系统运行状态的途径。然而,描述管网系统特征的模型不可能是唯一的,对于同样的管网,不同工程师建立的模型是不同的。

不确定性是客观事物具有的一种普遍属性,它广泛存在于各种自然现象和社会现象中。管网系统不确定性分析的意义可以分为两个方面:①进行全面的不确定性分析可以提高结果的可靠性和减少因人为判断产生的误差;②分析不同来源的不确定性有助于提高和改进模型。

5.1 管网系统不确定性的来源

理论上,模型的不确定性来自两个方面,即对系统认识的缺陷和系统观测数据的不完善。前者导致了模型结构的不确定性,后者产生了模型参数的不确定性。在模型的实际应用中,很难区别模型的不确定性产生于结构还是参数误差。一般地,在模型校核或率定中,参数的不确定性不可避免地反映部分模型结构的不确定性。正是因为如此,机理模型的参数在本质上并不完全代表模型概化时的物理意义;同样,现场独立测定的参数直接代入未校核或未率定的模型时,往往带来较大的预测误差。模型复杂性所导致的模型参数的增加强化了参数的不可识别性,从而增大了参数的不确定性。现在,管网模型校核的焦点问题已经从最小化模型预测误差转移到减少模型结构和参数不确定性。

由于研究重点的不同,不同的人对模型不确定性来源的表达方法也有差别,一般认为模型的不确定性主要的可以分为三类。

(1)参数的不确定性。由于参数估计结果存在的误差,如管道摩阻系数等参数存在一定的不确定性。

(2)输入数据的不确定性。包括模型边界条件和初始条件,如输入的节点高程、输入的水泵特性曲线等数据的不确定性。

(3)模型结构的不确定性。受人类对复杂环境系统认识的局限,在对系统建模过程中常常要对一些现象进行概化和抽象。不确定性分析的对象近年来已从参数和预测不确定性过渡到模型结构的不确定性,并在此基础上对模型的验证产生了全新的认识,在传统的模型验证基础上,提出了模型的结构内部一致性验证、模型假设的证实与反证和模型的关联性等。以管网水质模型中的余氯衰减模型为例,模型结构是不确定的。国内外有很多研究成果都是关于管网水中余氯衰减模型结构的,主要有一级衰减模型、二级衰减模型和 n 级衰减模型等。

具体到供水管网系统,常见的不确定性来源如下:

(1)管道摩阻系数和阀门阻力系数的不确定性。一般,用摩阻系数表征管道的过水特性。但旧管的摩阻系数受管材、管径、使用年限以及流速等的影响呈现不确定性,给计算带来一定难度。在以往的供水管网计算中,认为管网的局部水头损失是沿程水头损失的 20%。通常情况下,这种估算与实际相差不大。但是在实际管网中,出于调节流量和压力的需要,有很多阀门处于半开甚至全闭的情况,有时出现管网的紧急事故,也需要关闭阀门,这时产生的水头损失比正常多几十倍,甚至几百几千倍,对用户用水影响很大。所以阀门的阻力系数也呈现显著的不确定性。为此,需要分析显著影响因素,通过实测方法,推求整个管网系统中各管道的摩阻系数和阀门的阻力系数。

(2)节点需水量的不确定性。由于管网中用户分布的复杂性和各用户用水的随机性,管网节点需水量具有明显的随机性。由于水表计量精度、抄表时间(一般两月一次)和存在无收入水量,节点基础用水量(base demand)和用水模式(demand pattern)也呈现不确定性。

(3)节点压力和管段流量的不确定性。节点压力和管段流量随管网状态变量的输入输出随机变化,也是未确定的量。

(4)输入数据的不确定性。由于模型边界条件和初始条件的不确定性,用水量计量仪表和流量、压力监测仪器本身存在误差,模型输入数据存在一定的不确定性,如输入的水池水位、节点高程、输入的水泵特性曲线等数据。

5.2　管网系统变量随机性分析

5.2.1　管网工况动态性

供水管网系统是由泵站、管线以及阀门等水力要素组成的大型复杂网络系统。运行中的管网系统状态随用户水量的变化而随机变化,加之结构复杂,很多参数和状态变量是未确知的,整个管网工况表现出显著的动态、随机性。

供水管网系统工况受用户用水情况的制约,是一个由多变量控制的动态过程。管网的运行工况是指在某一时段内系统的状态,它与水泵的运行、用户的用水性质、系统内部结构及属性有关,它涉及的状态参数具有随机性。随着时间的推移,水泵运行特性曲线会不断发生变化,加上管网中各阀门开启度、完好程度等信息受管理状况所限无法完全掌握,管网参数计算结果与实际状况存在较大偏差。

管网形成年代长,管网设施数量大、覆盖面广且埋于地下,加之管理人员变动频繁,导致缺乏完整、准确的原始资料。受条件限制,对管网参数进行全面测试是不实际的;管网中监测点不多,反馈信息不完善,整个管网实际工况无法完全确知。此外,供水管网是动态的多元非线性系统。管网正常运行时,任一用户用水情况的变化都会影响整个管网的状态。不同用水性质的用户对管网状态的影响程度也不相同。

实际管网是受多种因素制约的大系统,各种因素综合作用造成水流状态相当复杂,这给管网微观建模带来很大困难。

5.2.2　管网拓扑结构复杂性

我国城市发展迅速,供水管网不断扩展,用水量布局不断变化,管网的拓扑结构不断更新。供水管网的结构和平面布置随着用户的增加而不断发生变化,管道间不仅有平面连接,还存在立面连接、立体交叉、管道节点疏密不等,若不严格区分,计算工况将与管网实际运行工况存在较大差异。

由于历史的原因,管网及其附属设施资料档案不完备,加之管理机制的问题,管网及其附属设施资料残缺不全,可信度差。如管道连接情况、节点高程、管道和阀门阻力系数等关键资料,都很难弄清楚。

实际供水管网系统是一个复杂的拓扑结构,因此管网模型的参数及变量也是多元、离散的和非线性的,充分表征了供水管网运行工况的复杂性和随机性。

5.2.3　用水量时空分布的不均衡性

用水过程是随机的、不可控制的,实际的供水管网系统工作状态是各个单独用户用水随机事件的总和。同一类用户同一时段的用水比率(时用水量占全日用水量百分比)作为随机变量来分析。正态分布用于估计不断变化的随机变量的概率。根据以往经验和实际计算结果,用水比率服从正态分布。

由于管网中用户的发展和分布很不均衡,常常出现用水量大的区域管径较小,而用水量小的区域管径扩大的现象。此外,由于供水与用水不协调,管网负荷处于有超、有欠的不合理状态,与管网改扩建预期相差较远。

5.2.4　管段流量和节点压力的随机性分析

设 $S_i=\overline{S_i}+\delta S_i(i=1,2,\cdots,b)$,$S_i$ 为第 i 条管段实际的摩阻系数,$\overline{S_i}$ 为第 i 条管段计算时采用的摩阻系数,也就是随机变量 S_i 的数学期望。δS_i 为第 i 条管段的摩阻系数偏差,是一个数学期望为零的随机变量,则可定义 δS 为

$$\delta S = \begin{bmatrix} \delta S_1 \\ \delta S_2 \\ \vdots \\ \delta S_b \end{bmatrix} = \begin{bmatrix} S_1 - \overline{S_1} \\ S_2 - \overline{S_2} \\ \vdots \\ S_b - \overline{S_b} \end{bmatrix} \tag{5-1}$$

δS 为多维随机变量,其中每一个分量为 δS_i,它受很多独立的随机因素的影响,这些因素在正常情况下是相互独立的,其影响是微小的且可以叠加,所以可以认为 δS_i 服从正态分布。

管网中的任一管段的流量 $G_m(m=1,2,\cdots,b)$ 和任一节点的压力 $P_k(k=1,2,\cdots,n)$ 都可以看成各管段摩阻系数 S_i 及各用户用水量的函数。为了分析管段摩阻系数随机性的影响,假设各用户的用水量为确定值。设 $G_m = f_m(S_1,S_2,\cdots,S_b)$,$P_k = \Psi_k(S_1,S_2\cdots,S_b)$,则 $\overline{G_m} = f_m(\overline{S_1},\overline{S_2},\cdots,\overline{S_b})$,$\overline{P_k} = \Psi_k(\overline{S_1},\overline{S_2}\cdots,\overline{S_b})$。其中,$\overline{G_m}$ 和 $\overline{P_k}$ 为随机变量 G_m 和 P_k 的数学期望。定义第 m 个管段的流量偏差 δG_m 为 $\delta G_m = G_m - \overline{G_m}$,第 k 个节点的压力偏差 δP_k 为 $\delta P_k = P_k - \overline{P_k}$。显然,$\delta G_m$ 和 δP_k 是数学期望为零、相互独立的随机变量。

将 $G_m = f_m(S_1,S_2,\cdots,S_b)$ 在 $S_1,S_2,\cdots,S_b$ 的数学期望处,也就是在 $\overline{S_1},\overline{S_2},\cdots,\overline{S_b}$ 处进行泰勒级数展开,并取一阶近似:

$$G_m = \overline{G_m} + \frac{\partial G_m}{\partial S_1}(S_1 - \overline{S_1}) + \frac{\partial G_m}{\partial S_2}(S_2 - \overline{S_2}) + \frac{\partial G_m}{\partial S_b}(S_b - \overline{S_b}) \tag{5-2}$$

因此

$$\delta G_m = \frac{\partial G_m}{\partial S_1}\delta S_1 + \frac{\partial G_m}{\partial S_2}\delta S_2 + \cdots + \frac{\partial G_m}{\partial S_b}\delta S_b = \sum_{i=1}^{b} \frac{\partial G_m}{\partial S_i}\delta S_i \tag{5-3}$$

考虑到

$$C = \frac{\partial G}{\partial S^t} = \begin{bmatrix} \dfrac{\partial G_1}{\partial S_1} & \dfrac{\partial G_1}{\partial S_2} & \cdots & \dfrac{\partial G_1}{\partial S_b} \\ \dfrac{\partial G_2}{\partial S_1} & \dfrac{\partial G_2}{\partial S_2} & \cdots & \dfrac{\partial G_2}{\partial S_b} \\ \vdots & \vdots & \vdots & \vdots \\ \dfrac{\partial G_b}{\partial S_1} & \dfrac{\partial G_b}{\partial S_2} & \cdots & \dfrac{\partial G_b}{\partial S_b} \end{bmatrix} \tag{5-4}$$

式(5-3)可写成

$$\delta G_m = C_{m1}\delta S_1 + C_{m2}\delta S_2 + \cdots + C_{mb}\delta S_b = \sum_{i=1}^{b} C_{mi}\delta S_i \tag{5-5}$$

从式(5-5)可知,δG_m 是随机变量 $\delta S_1,\delta S_2,\cdots,\delta S_b$ 的线性组合,因为有限个独立正态变量的线性组合仍是正态变量,所以 δG_m 也服从正态分布。因此,只要求出 δG_m 的数学期望和方差,就可以确定 δG_m 的概率密度分布函数。

与泰勒一阶近似相比较,泰勒二阶近似时管段流量偏差 δG_m 的表达式中多了非线性项 $\sum\limits_{i=1}^{b}\sum\limits_{j=1}^{b}\dfrac{\partial^2 G_m}{\partial S_i \partial S_j}\delta S_i \delta S_j$,同样,泰勒二阶近似时节点压力偏差 δP_k 的表达式与泰勒一阶近似得到的节点压力偏差 δP_k 的表达式相比,多了非线性项 $\dfrac{1}{2}\sum\limits_{i=1}^{b}\sum\limits_{j=1}^{b}\dfrac{\partial^2 P_k}{\partial S_i \partial S_j}\delta S_i \delta S_j$,因此泰勒二阶近似时,$\partial G_m$ 和 δP_k 不一定服从正态分布,直接解析求出管段的流量偏差 ∂G_m 和节点的压力偏差 δP_k 的概率密度分布比较困难。可利用蒙特卡罗方法来随机模拟泰勒二阶近似时各管段的流量偏差 ∂G_m 和各节点的压力偏差 δP_k,并对其进行正态性检验,蒙特卡罗方法将在后续章节详细介绍。

第6章 基于随机抽样的不确定性分析理论与实例研究

6.1 确定性模型计算理论

6.1.1 基本水力条件

(1)连续性方程(又称节点流量平衡条件)。即对任一节点来说,流入该节点的流量必须等于流出该节点的流量。若规定流出节点的流量为正,流入节点的流量为负,则任一节点的流量代数和等于零,即

$$q_i + \sum q_{ij} = 0 \tag{6-1}$$

式中,q_i 为节点 i 的节点流量;q_{ij} 为管段流量。

(2)能量方程(又称闭合环路内水头损失平衡条件)。即环状管网任一闭合环路内,水流为顺时针方向的各管段水头损失 h_{ij} 之和应等于水流为逆时针方向的各管段水头损失之和。若规定顺时针方向的各管段水头损失为正,逆时针方向为负,则在任一闭合环路内各管段水头损失的代数和等于零,即

$$\sum h_{ij} = 0 \tag{6-2}$$

(3)压降方程。即管段水头损失h_{ij}是管段流量 q 的函数:

$$h_{ij} = f(q) \tag{6-3}$$

管网水力计算中管段沿程水头损失时一般采用海曾-威廉公式:

$$h_f = \frac{10.67 q^{1.852}}{C_w^{1.852} D^{4.87}} l \tag{6-4}$$

式中,h_f 为管段沿程水头损失;C_w 为管道摩阻系数(海曾-威廉系数);D 为管径;l 为管长。

局部水头损失计算公式为

$$h_j = \zeta \frac{v^2}{2g} = \frac{\zeta}{2g} \frac{q^2}{A^2} = s q^2 \tag{6-5}$$

式中,h_j 为局部水头损失;ζ 为局部阻力系数;v 为断面平均流速;g 为重力加速度;A 为管道断面面积;s 为局部摩阻系数。

根据经验,室外给水排水管网中的局部水头损失一般不超过沿程水头损失的 5%,与沿程水头损失相比很小,所以在管网水力计算中常忽略局部水头损失的影响,不会造成大的计算误差。

6.1.2　环状管网计算方法

最早的和应用广泛的管网分析方法为哈代-克罗斯法,即每环中各管段的流量用 Δq 修正的方法。现以图 6-1 为例加以说明,各参数的符号仍规定如下:顺时针方向为正,逆时针方向为负。

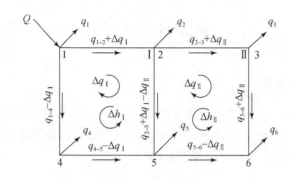

图 6-1　两环管网的流量调整

环状管网初步分配流量后,管段流量 $q_{ij}^{(0)}$ 已知,且满足节点流量平衡条件,由 $q_{ij}^{(0)}$ 选出管径,计算出各管段的水头损失 h_{ij} 和各环的水头损失代数和 $\sum h_{ij}$,一般 $\sum h_{ij} = \Delta h \neq 0$,不满足水头损失平衡条件,须引入校正流量 Δq_k 以减小闭合差。校正流量可按式(6-6)估算确定:

$$\Delta q_k = -\frac{\Delta h_k}{2\sum s_{ij}|q_{ij}|} = -\frac{\Delta h_k}{2\sum \dfrac{s_{ij}}{|q_{ij\Delta}|}|q_{ij}|^2} = -\frac{\Delta h_k}{2\sum \left|\dfrac{h_{ij}}{q_{ij}}\right|} \tag{6-6}$$

式中,Δq_k 为环路 k 的校正流量,L/s;Δh_k 为环路 k 的闭合差,等于环内各管段水头损失代数和,m;$\sum s_{ij}|q_{ij}|$ 为环路 k 内各管段的摩阻系数 $s = \alpha_{ij}l_{ij}$ 与相应管段流量 q_{ij} 的绝对值乘积之和;$\sum \left|\dfrac{h_{ij}}{q_{ij}}\right|$ 为环路 k 的各管段的水头损失 h_{ij} 与相应管段流量 q_{ij} 之比的绝对值之和。

应该注意,式中 Δq_k 和 Δh_k 符号相反,即闭合差 Δh_k 为正,校正流量 Δq_k 就为负,反之则为正;闭合差 Δh_k 的大小及符号,反映了与 $\Delta h=0$ 时的管段流量和水头损失的偏离程度及偏离方向。显然,闭合差 Δh_k 的绝对值越大,使闭合差 $\Delta h_k=0$ 所需的校正流量 Δq_k 的绝对值也越大。各环校正流量 Δq_k 用弧形箭头标注在相应的环内,如图 6-1 所示,然后在相应环路的各管段中引入校正流量 Δq_k,即可得到各管段第一次修正后的流量 $q_{ij}^{(1)}$,即

$$q_{ij}^{(1)} = q_{ij}^{(0)} + \Delta q_s^{(0)} + \Delta q_n^{(0)} \tag{6-7}$$

式中,$q_{ij}^{(0)}$ 为本环路内初步分配的各管段流量,L/s;$\Delta q_s^{(0)}$ 为本环路内初次校正的流量,L/s;$\Delta q_n^{(0)}$ 为邻环路初次校正的流量,L/s。

如图 6-1 中环 I 和环 II:

对于环 I,有

$$q_{1\text{-}2}^{(1)} = q_{1\text{-}2}^{(0)} + \Delta q_\text{I}^{(0)}$$
$$q_{4\text{-}5}^{(1)} = q_{4\text{-}5}^{(0)} - \Delta q_\text{I}^{(0)}$$
$$q_{2\text{-}5}^{(1)} = q_{2\text{-}5}^{(0)} + \Delta q_\text{I}^{(0)} - \Delta q_\text{II}^{(0)}$$

对于环 II,有

$$q_{2\text{-}3}^{(1)} = q_{2\text{-}3}^{(0)} + \Delta q_\text{II}^{(0)}$$
$$q_{5\text{-}6}^{(1)} = q_{5\text{-}6}^{(0)} - \Delta q_\text{II}^{(0)}$$
$$q_{2\text{-}5}^{(1)} = -q_{2\text{-}5}^{(0)} - \Delta q_\text{I}^{(0)} + \Delta q_\text{II}^{(0)}$$

因为初步分配流量时,已经符合节点流量平衡条件,即满足了连续性方程,所以每次调整流量时能自动满足此条件。

采用哈代-克罗斯法进行管网平差的步骤如下:

(1)根据城镇的供水情况,拟定环状网各管段的水流方向,按每一节点满足连续性方程的条件,并考虑供水可靠性要求分配流量,得初步分配的管段流量 $q_{ij}^{(1)}$。

(2)由 $q_{ij}^{(1)}$ 计算各管段的水头损失 $h_{ij}^{(0)}$。

(3)假定各环内水流顺时针方向管段中的水头损失为正,逆时针方向管段中的水头损失为负,计算该环内各管段的水头损失代数和 $\sum h_{ij}^{(0)}$,如 $\sum h_{ij}^{(0)} \neq 0$,其差值即为第一次闭合差 $\Delta h_k^{(0)}$。如 $\Delta h_k^{(0)} > 0$,说明顺时针方向各管段中初步分配的流量多了些,逆时针方向管段中分配的流量少了些;反之,若 $\Delta h_k^{(0)} < 0$,说明顺时针方向各管段中初步分配的流量少了些,逆时针方向管段中分配的流量多了些。

(4)计算每环内各管段的 $\sum \left| \dfrac{h_{ij}}{q_{ij}} \right|$,按式(6-6)求出校正流量。如闭合差为正,校正流量为负;反之,则校正流量为负。

(5)设校正流量 Δq_k 符号以顺时针方向为正、逆时针方向为负,凡是流向与校正流量 Δq_k 方向相同的管段加上校正流量,否则减去校正流量,据此调整各管段的流量,得第一次校正的管段流量。对于两环的公共管段,应按相邻两环的校正流量符号,考虑邻环校正流量的影响。按此流量再计算,如闭合差尚未达到允许的精度,再从步骤(2)按每次调整后的流量反复计算,直到每环的闭合差达到要求。

6.2　不确定性分析理论方法

事实上,至 20 世纪 80 年代初,在建模理论的思想前沿,对不确定性的探讨已经成为模型开发和应用的核心内容之一,这在地表水质模拟中尤为突出,包括著名的区域灵敏度分析（regionalized sensitivity analysis，RSA）方法的提出，构架了不确定性分析的基本思想框架。不确定性问题在国际上得到广泛和深入的研究，并取得了很大的成果，不确定性分析主要包括广义似然估计（generalized likelihood uncertainty estimation，GLUE）方法、贝叶斯递推估计（Bayesian recursive estimation，BaRE）方法、蒙特卡罗模拟（Monte Carlo simulation，MCS）方法和一次两阶矩（FOSM）方法等。

1. GLUE 方法

GLUE 方法是基于 RSA 方法发展起来的。GLUE 分析步骤主要包括似然目标函数的定义、参数取值范围的确定、不确定性分析以及似然函数的更新等。GLUE 方法中一个很重要的观点就是，导致模型模拟结果好与坏的不是模型的单个参数，而是模型参数的组合。在预先设定的参数分布空间内，按照先验分布随机抽取模型的参数值组合运行模型。选定似然目标函数，计算模型预测结果与观测值之间的似然函数值，再将这些函数值的归一化作为各参数组合的似然值。在所有的似然值中，设定一个临界值，低于该临界值的参数组似然值被赋为零，表示这些参数组不能表征模型的功能特征；高于该临界值则表示这些参数组能够表征模型的功能特征。按归一化权重对各参数组合进行随机抽样，针对管网水力、水质事件所抽取的样本参数分别进行模拟，便可由模拟结果求出该事件指定置信度下模型输出的不确定性范围。

2. BaRE 方法

BaRE 方法可以在模拟过程中同时对模型参数和模拟结果不确定性进行递归计算，模拟结果以概率形式表示。BaRE 方法只需给管网模型参数假定一个初始值，便可进行递推预测，结果以概率形式表示，较好地解决了缺少资料情况下模型参数优选及不确定性分析问题。随着实测资料的增加，由模型参数不确定性引起的模型输出不确定性范围也将缩小。Vrugt 等、Gupta 等、Misirli 等也对递归模型识别策略进行了研究，通过连续对流量系列的递归计算，可以得到参数的不确定性估计[33]。这些方法虽然可以推翻模型参数的常数假定，并用于在参数估计中识别最具信息的数据，得到相应的参数不确定性估计，但是，他们都是将模型输入输出表示方式的不确定性考虑成参数估计不确定性和残差模型的结合，缺少所有重要不确定性来源的严格区分。

3. MCS 方法

MCS 方法可避免决策分析过程中由不确定因素之间的相互干扰导致的决策发生偏差的情况，使在复杂情况下的决策分析更为合理和准确。MCS 方法可以直接处理决策因素的不确定性:将不确定性以概率分布的形式表示,建立决策的随机模型,对随机变量抽样试验,分析模拟结果,不仅能得出决策目标输出、期望值等多种统计量,也可给出概率分布。

马尔可夫链蒙特卡罗(Markov Chain Monte Carlo,MCMC)方法是与统计物理有关的一类重要随机方法,广泛应用于贝叶斯推断和机器学习中。王建平等在水质模型参数不确定性分析时引入了 MCMC 采样法,为考察 MCMC 方法对参数后验分布的搜索性能和效率,进行了两个案例的研究,结果表明,MCMC 方法对参数后验分布的搜索,无论是搜索性能还是搜索效率,均表现出独特的优越性[34]。同时,Gelman 收敛判别准则计算表明,MCMC 采样序列均能稳定收敛到参数的后验分布上。可见,MCMC 方法适用于复杂环境模型的参数识别和不确定分析研究。

4. FOSM 方法

FOSM 方法是一种在随机变量分布尚不清楚时采用只有均值和方差的数学模型的方法。它运用泰勒级数展开,使之线性化。根据线性化点选择的不同,分为均值一次两阶矩(MFOSM)法和改进一次两阶矩(AFOSM)法。MFOSM 法假设各影响因素相互独立,将线性化点选为均值点,MFOSM 法的计算可能误差颇大。AFOSM 法是针对这一缺点在进行泰勒级数展开时将线性化点选为风险发生的极值点。

Kapelan 等在参数不确定性因素下,采用多目标优化算法进行管网监测点的优化布置[35]。监测点的优化布置有两个目标函数,一是模型校核精度最大化,二是监测成本最小化。为了量化模型校核精度,FOSM 模型用于量化相关参数的范围。

6.3 管网系统随机抽样模拟理论方法

对管网系统动态仿真模拟而言,管网平差计算是核心部分,但不是全部。管网系统模拟的目标是模型要无限接近实际管网,即模拟得出的管段流量和节点压力要无限接近(理论上要等于)实际,即

$$g(X)=Z \tag{6-8}$$

式中,X 为管网状态向量,代表管网中所有节点的压力和源头节点的流量等;Z 为实测向量,代表实测数据和根据实测数据推导出的数据信息。向量函数 $g(X)$ 涵盖了管网连续性方程、能量方程和压降方程;式(6-1)也就是管网数学模型。$g(X)$ 的非线性意味着此模型不能直接求解,必须采用迭代方法。首先进行状态向量的初始估计,估计值必须尽量满足式(6-8)的要求。迭代方法如下:

1. 模型线性化

$$Z=g(X^k)+J\mathrm{d}X \tag{6-9}$$

式中,k 为迭代次数;X^k 为状态向量当前的估计结果;$\mathrm{d}X$ 为校正向量(相当于前文的 Δq_k);J 为评价 X^k 的雅可比矩阵:$J=[\partial g(x)]/\partial X$。

式(6-9)可看成关于实测向量对状态向量变化的灵敏度方程,这样,雅可比矩阵就成为灵敏度矩阵。不确定性水力模拟的结果为节点水压、管段流量的概率分布,可以通过随机试验方法或者联合概率分布方法求解需要的结果,但计算量很大,对于复杂管网,计算时间常常是不可接受的。为了使模拟结果在可接受的时间内求得,需要以线性化的确定性水力模型为基础,用节点流量的线性组合构成节点水压及管段流量的表达式,并利用"正态分布随机变量的线性组合仍然为符合正态分布的随机变量"这一性质求解节点水压及管段流量的概率分布。为了达到这个目的,需要给出两个假设:

(1)节点流量是相互独立的符合正态分布的随机变量。

(2)在节点流量的数学期望值附近,可以采用线性关系替代管段流量与管段水头损失之间的非线性关系。

2. 线性化模型求解

通过状态估计(也就是水力平差)求解式(6-9),获得校正向量 $\mathrm{d}X$,然后进行以下迭代:

$$X^{k+1}=X^k+\mathrm{d}X \tag{6-10}$$

确定性模型的静态模拟为一个实测向量产生一个状态估计结果,确定性模型不能评估输入数据模糊性对模拟结果的影响。如果对误差范围内的一组实测向量逐个进行状态估计,就可以得出结果的变化范围,这就是随机抽样模拟的基本思路。

在式(6-8)所示的确定性模型中,实测向量 Z 是单一的固定值。在不确定性模型中,实测向量 Z 有取值区间,式(6-8)就变成

$$Z_0-Z_e\leqslant g(X+\Delta X)\leqslant Z_0+Z_e \tag{6-11}$$

式中,Z_0 为确定的实测向量;Z_e 为实测仪表的误差向量;ΔX 为状态变化向量,代表供水和用水的变化,ΔX 的取值区间定义如下:

$$-e\leqslant\Delta X\leqslant e$$

状态变量的误差区间定义如下:

$$e=\max[|\max(\Delta X)|,|\min(\Delta X)|] \tag{6-12}$$

一般来说,由于管网方程的非线性,$|\max(\Delta X)|$ 和 $|\min(\Delta X)|$ 是不相等的,e 的计算很复杂。但模型线性化以后,$|\max(\Delta X)|$ 和 $|\min(\Delta X)|$ 是相等的,式(6-12)

就简化成

$$e = \max(\Delta X) \tag{6-13}$$

简化后计算时间大大缩短,然而,对于实时系统的决策支持,这种方法不怎么有效。

实测数据的不确定性意味着实测向量不是单一的固定值,而是一个取值区间中的任意一个值。随机抽样模拟中,从区间中随机选择一系列的实测向量,然后逐一进行连续性方程的验证,保证进入管网的水量(通过流量计实测的水厂出水量)等于离开管网的水量(通过水表实测的节点流量)。利用随机产生的实测向量进行状态估计可以得出各管段流量和节点压力。每次状态估计时,检查 X 是否满足式(6-8)的要求,符合的话就用来更新替换原先的管网状态。在刚开始模拟时,状态误差向量为零。只要模拟中找到一个满足式(6-8)要求的 X,就可以定义当前状态变量的上下限。随后的模拟中找到的其他满足式(6-8)要求的 X 如果不在之前定义的上下限区间内,就产生新的上下限区间。状态变量的上下限区间随着模拟进程逐渐变宽,直到多轮模拟后达到稳定不变。对于多变量的管网系统,需要大量的计算,非常耗时,即使对于中等规模的管网,模型都很难发挥实用价值。针对这个缺陷,可以采用以下方法进行改进,首先采用式(6-9)进行模型线性化,减少数学上的复杂性;然后在线性化模型的基础上建立灵敏度矩阵。式(6-9)可写成

$$\Delta Z = J \cdot \Delta X \tag{6-14}$$

式中,ΔZ 是实测向量和实测变量真实值间的差值;ΔX 是计算得出的状态向量和实际的状态向量间的差值。ΔZ 可由仪表的误差范围得出,一般仪表制造商都会提供这个数据,而 ΔX 是未知的,可由式(6-14)反过来求解:

$$\Delta X = (J^{\mathrm{T}} J)^{-1} J^{\mathrm{T}} \cdot \Delta Z \tag{6-15}$$

对于状态变量 $(x)_i$,计算它的误差区间就是求 $\alpha_i \cdot \Delta Z$ 的最大值,α_i 是灵敏度矩阵 $(J^{\mathrm{T}} J)^{-1} J^{\mathrm{T}}$ 的第 i 行。

$$(e)_i = \alpha_i \cdot (Z_e)_j \tag{6-16}$$

这个方法的数学计算量大大减少,管网系统的天然属性意味着矩阵 J 是个正方形,非零元素的比例很小,进一步节约了计算时间。

6.4　随机抽样方法研究

若每个输入参数的概率分布是相互独立的,则输出参数的概率分布也能求得,但是在大多数情况下,无法用一个解析方程来表示输人、输出参数的函数关系,因此就不得不采用其他方法,如灵敏度分析(SA)法、蒙特卡罗模拟(MCS)方法、拉丁超立方抽样(LHS)法、模糊集方法和随机抽样模拟法等。

随机抽样模拟法是利用数字计算机研究随机变量的有利方法,是一种不确定性

分析方法。设随机变量函数为 $y=f(X_1,X_2,\cdots,X_n)$，随机变量 $X_i(i=1,2,\cdots,n)$ 相互独立，它们的分布分别为 $P(X_1),P(X_2),\cdots,P(X_n)$，求随机变量函数 y 的分布。

用随机抽样模拟法，从分布 $P(X_1)$ 中抽得 X_1'，即产生随机变量的随机数 X_i'，由随机数 X_i' 计算，得函数 y 的随机数 $y_1=f(X_1',X_2',\cdots,X_n')$。重复上述步骤，可从第二次抽样结果 $(X_1'',X_2'',\cdots,X_n'')$ 算得 y 的另外随机数 $y_2=f(X_1'',X_2'',\cdots,X_n'')$。这样重复 N 次，就可得到随机变量 y 的一个容量为 n 的子样 $(y_1,y_2,\cdots,y_n)$。据此便可用子样分布 $S_n(y)$ 来近似 y 的分布 $P(y)$。这种随机变量的数量规律不可能从随机现象的全部事件的观测、分析中得到，只能对其做有限量的观测和分析，从局部来估算和分析整体的规律性。演算步骤如下：

(1)不确定性参数的抽样。要使样本有代表性，就得允许从随机参数的取值域内随机地抽取，而不应加入任何特定的因素和条件。这样随机抽样 n 个 m 参数组，n 为样品容量，m 为不确定参数数目。

(2)预测值的计算。对应于每个 m 参数组有一个预测值，当样品容量为 n 时，相应地产生 n 个预测值。

(3)根据预测值找出分布服从规律。一般有正态分布、对数分布和指数分布等。

(4)在一定显著水平下接受检验假设 H_0。对样本进行分布适应性检验的常用方法有 X_2 检验法和柯尔莫哥洛夫-斯米尔洛夫检验法。

(5)确定母体的分布函数。如有需要可计算失效率，即可靠度。在风险评价中一般取失效率为 0.1，即预测的可靠度为 90%。

随机抽样模拟法实际上是由统计推测法演变而来的，当有充分的统计资料时可按统计推测法进行计算。随机抽样模拟法与 MCS 方法有相似之处，其不同点在于该法对不确定参数在其取值域内进行随机抽样，而不是通过统计资料构成概率密度函数。由于不附加特定的条件因素或条件，由随机产生输入值得到的输出值即可认为是整体(母体)输出值的一个子样，每个子样都含有一个母体的信息，经过多次抽样便可推断母体的情况。

随机抽样模拟法不需构造参数的概率密度函数，计算量较 MCS 方法小，但作为一种推测判断方法，其得出的结果存在可信度的问题。常用 $(1-a)$ 表示置信度，a 为显著水平，一般情况下 $a=5\%$，即 95% 的置信度。为了进一步保证结果的可靠性，还可以引入可靠度的概念，在管网安全评价中可靠度一般为 90%。

6.5　基于随机抽样的不确定性分析实例研究

20 世纪 70 年代初模型的不确定性思想被提出之后，这一领域的研究即引起了不同背景研究人员的广泛兴趣，从而推动了对过程辨识理论、滤波理论、时间序列分析以及灵敏度分析等方法在环境系统中应用的探讨与融合，并产生了不确定性分析的可行工具。

供水系统的计算机模拟是供水系统规划、设计和运行的重要基础。大量工程方面的数学模型采用确定的方法来描述系统行为。然而,所有现实生活中的问题在某个方面都伴随着不确定性。管网建模过程中的不确定性可能来自参数实测、参数估计等过程,数学上的确定性和天然的不确定性间的矛盾会严重影响模拟和优化结果的可靠性。

6.5.1　基于随机抽样模拟的实例分析

设算例为简单系统,该系统为双水源系统,节点 1 和 7 为水源节点,从节点 1 进入管网的流量为 10L/s,从节点 7 进入管网的流量为 20L/s,节点 3、4、5、8 的流量分别为 7L/s、5L/s、5L/s、13L/s,节点 2 和 6 为转输节点,节点流量为零。节点 1 的压力已知,水头为 20m,算例管网如图 6-2 所示,具体属性见表 6-1。根据以上管段和节点数据进行管网水力平差,得出各管段流量和节点压力,见表 6-2。

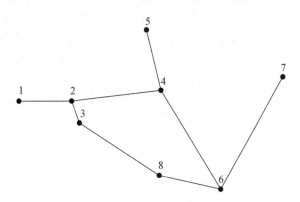

图 6-2　算例管网拓扑连接关系

表 6-1　算例管网确定性模型各管段和节点属性

管段	长度/m	管径/mm	摩阻系数	节点	需水量/(L/s)
6-4	1000	300	170	1	−10.00
4-2	650	300	50	2	0
2-3	110	150	60	3	7.00
2-1	400	200	145	4	5.00
4-5	500	200	100	5	5.00
6-8	400	250	100	6	0
6-7	1000	300	170	7	−20.00
3-8	500	200	100	8	13.00

表 6-2　算例管网确定性模型计算结果

节点	压力(水头)/m	管段	流量/(L/s)
1	20.00	6-4	5.32
2	19.79	4-2	−4.68
3	19.41	2-3	5.32
4	19.70	2-1	−10.00
5	19.56	4-5	5.00
6	19.72	6-8	14.68
7	19.92	6-7	−20.00
8	19.43	3-8	−1.68

以上是确定性模型的计算结果,对于不确定性模型,假设各管段属性不变,已知流量计计量的节点 1 的流量精度为(10±0.2)L/s,压力表计量的节点 1 的压力精度为(20±0.5)m,流量计计量的节点 7 的流量精度为(20±0.4)L/s,智能水表计量的节点 3、4、5、8 的流量精度分别为(7±2.1)L/s、(5±1.5)L/s、(5±1.5)L/s、(13±3.9)L/s,具体见表 6-3,并且假设参数在不确定性区间内服从正态分布。

表 6-3　算例管网不确定性模型各节点属性

节点	需水量/(L/s)	压力(水头)/m
1	[−10.2,−9.8]	
2	0	
3	[4.9,9.1]	
4	[3.5,6.5]	[19.5,20.5]
5	[3.5,6.5]	
6	0	
7	[−20.4,−19.6]	
8	[9.1,16.9]	

对于枝状管网,输入数据的不确定性导致计算结果的不确定性很容易计算出来,如节点 1 进入管网的流量为(10±0.2)L/s,则管段 2-1 的流量也为(10±0.2)L/s,根据海曾-威廉公式计算出管段 2-1 的水头损失为(0.21±0.01)m,因为节点 1 的压力(水头)精度为(20±0.5)m,则节点 2 的压力(水头)为(19.79±0.51)m。然后可以逐段计算管段 4-2 和 2-3 的流量范围和节点 3 和节点 4 的压力范围,其余计算以此类推。

对于环状管网,就不能像枝状管网那样逐段先后计算,必须同时考虑各输入数据的变化范围,因为要满足环内的水头损失之和必须等于零这个附加条件。采用随机抽样模拟方法,从参数分布的概率密度中随机抽样进行 n 次确定性模拟,可以得出各管段流量和节点压力的变化范围,计算结果见表 6-4。

表 6-4　算例管网不确定性模型计算结果

管段	流量/(L/s)	节点	压力(水头)/m
6-4	$[2.64, 8.12]$	1	$[19.5, 20.5]$
4-2	$[-5.57, -3.69]$	2	$[19.28, 20.30]$
2-3	$[4.47, 6.23]$	3	$[18.76, 20.00]]$
2-1	$[-10.20, -9.80]$	4	$[19.16, 20.24]$
4-5	$[3.50, 6.50]$	5	$[18.92, 20.16]$
6-8	$[11.71, 17.59]$	6	$[19.19, 20.25]$
6-7	$[-20.40, -19.60]$	7	$[19.39, 20.45]$
3-8	$[-3.85, 0.71]$	8	$[18.80, 20.04]$

以上算例只考虑了水源节点输入管网的水量和压力计量上的不确定性以及管网中用水节点需水量(节点流量)的不确定性对模拟结果的影响。实际管网的拓扑结构、管长、管道摩阻系数都存在不确定性,考虑的不确定因素越多,模拟计算的难度也就越大。

6.5.2　模型精度评估建议

考虑到模型参数的不确定性,模拟结果的不确定性区间可由随机抽样模拟初步量化,节点压力和管段流量的模拟结果也呈现一定的不确定性,因此模型校核结果不再是模拟结果曲线和实测散点的比较,而是看实测散点落在模拟结果区间里的比例(图 6-3)。作者对国际上各研究机构对管网确定性模型精度要求进行了综合比较,提出了适合中国国情的管网模型精度要求。然而,随着不确定性研究的深入,模拟结果不是唯一的,而是在一定的区间内。

通过算例分析管网模型参数与状态变量的不确定性带来模拟结果的不确定性,并采用基于随机抽样模拟的方法初步量化模拟结果的不确定性范围,提出基于不确定性分析的模型校核精度分析新方法,模型精度初步建议 90% 实测散点落在模拟结果区间里为精度较高的模型。

供水管网模型校核标准属于工程建设验收的技术要求和方法,在这方面尚缺少统一的技术要求。由于模型校核标准取决于建模的目的,不同用途的模型所需的精度是不同的,所以需要大量的建模实践才能统一对管网模型校核的技术要求。

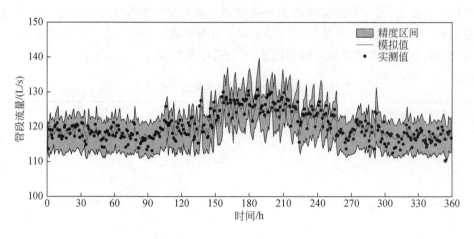

图 6-3 　水力模型校核结果

6.5.3 　基于随机抽样模拟的管网软件开发

管网软件开发的主要思路是用 C♯ 调用 Epanet 的 Toolkit，修改部分参数，再调用函数进行计算，最后输出计算值，软件界面如图 6-4 所示。

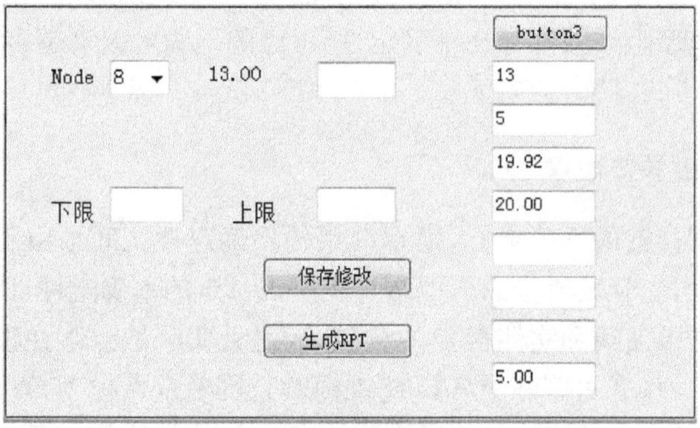

图 6-4 　不确定性分析软件界面

由于 Epanet 是用 C♯ 编译的，在调用的时候不能直接使用 Epanet 的函数。首先应在 C♯ 语言源程序中声明外部方法：

```
[DllImport("epanet2.dll",EntryPoint= "_ENopen@ 12")]
static extern int ENopen(string f1,string f2,string f3);
/* 其中：
epanet2.dll 是 Epanet 的 dll 文件。
"_ENopen@ 12"是函数入口。
```

static 是访问修饰符。

int 是返回变量类型,在 dll 文件中需调用方法的返回变量类型。

ENopen 是方法名称,在 dll 文件中需调用方法的名称。

string f1,string f2,string f3 是参数列表:在 dll 文件中你需调用方法的列表。

*/

另外,需要注意的是:

(1)要在程序声明中使用 System. Runtime. InteropServices 命名空间。

(2)DllImport 只能放置在方法声明上。

(3)dll 文件必须位于程序当前目录或系统定义的查询路径中(即系统环境变量中 Path 所设置的路径)。

(4)返回变量类型、方法名称、参数列表一定要与 dll 文件中的定义相一致。

声明过外部方法之后,用 ENset 系列函数修改管网数据,进行计算,再用 ENget 系列函数取得所需数据。

1. 参数区间设置

以管道摩阻系数 C 为例,原来每根管道的 C 是固定的,模拟前需先输入(表6-5),如新排铸铁管(无内衬)的 C 设为 130,而实际情况可能是 128 或 132,所以设置一个不确定性区间[125,135],也可以设成[120,140],区间上下限根据实际情况输入,每次模拟时从各管段的 C 值区间中随机抽取一个整数进行模拟。

表 6-5　摩阻系数 C 经验值

管材	C
石棉水泥	140
黄铜	130~140
砖砌	100
铸铁	
新,无衬	130
10 年	107~113
20 年	89~100
30 年	75~90
40 年	64~83
混凝土或混凝土加内衬	
钢模	140
木模	120
离心浇制	135
铜	130~140

续表

管材	C
镀锌铁	120
玻璃	140
铅	130～140
塑料	140～150
钢	
煤焦油磁漆,有内衬	145～150
新,无内衬	140～150
钾固	110
马口铁	130
陶土管(理想条件)	110～140
木条板(一般条件)	120

2. 状态变量区间设置

以节点需水量(nodal demand)为例,原来每个时刻各节点的需水量值是固定的,如 10L/s,动态模型中节点需输入基本需水量(base demand)和用水模式(demand pattern),基本需水量乘以用水模式中各时刻的水量系数就是各时刻的需水量,需模拟前输入,由于实际用户水表每月或每两个月抄表一次,很难确切知道一个确定时刻各节点的用水量,故需要设置一个数值区间,如[5,15],区间上下限根据实际情况输入,每次模拟时从各区间中随机抽取一个数值进行模拟。

3. 区间数值精度控制

管段 C 值一般都是整数,以[120,140]区间为例,区间内共有整数 21 个,分别为 120,121,…,139,140,每次从中随机抽取一个整数进行模拟;节点需水量的区间精度可自行定义,如一位小数或两位小数,以[5,15]区间为例,若取一位小数的数值精度,则区间内可随机抽取的数值包括 5.0,5.1,5.2,…,14.9,15.0;若取两位小数的数值精度,则区间内可随机抽取的数值包括 5.00,5.01,5.02,…,14.99,15.00。

4. 结果稳定性控制

每进行一次抽样模拟,得到一个模拟结果,两次抽样模拟后得到模拟结果的上下限区间,以后每进行一次抽样模拟,则修改相应的上下限区间。如第一次抽样模拟结果节点 1 的压力为 20m,第二次抽样模拟节点 1 的压力为 21m,则节点 1 的输出结果区间为[20,21]m,若第三次抽样模拟节点 1 的压力为 22m,则修改节点 1

的输出结果区间为[20,22]m,第四次抽样模拟节点 1 的压力为 19m,则修改节点 1 的输出结果区间为[19,22]m,抽样模拟的次数越多,得到的区间越稳定。进行不同规模管网的抽样模拟试验,得出模拟结果区间基本达到稳定的模拟次数,作为模拟次数设置的依据,以便为不同规模、不同区间数值精度的抽样模拟设置合理的终止条件。最后,利用概率统计方法,统计结果区间的概率密度分布(表 6-4 中管段 4-5 的流量模拟结果的区间为[3.5,6.5]/(L/s),概率密度分布如图 6-5 所示)。

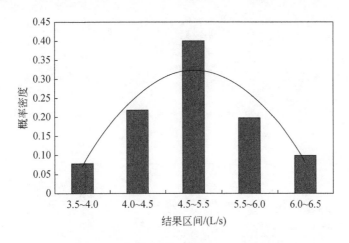

图 6-5　随机抽样模拟结果的概率密度分布

下篇　工程应用

第7章　超大城市供水规划分析与模型应用

以上海市为例,探讨超大城市供水相关问题。

7.1　供水管网概况

7.1.1　供水现状

上海市的供水事业可追溯到 19 世纪 70 年代。1873 年,沙滤水行创办,提供沙滤清水。1883 年 6 月,杨树浦水厂建成投产。1952 年 12 月,上海市自来水公司成立,1999 年分成市北、市南、闵行和浦东四家公司,2014 年自来水公司重组,与原水、排水、污水公司合并成立上海城投水务集团,供水分公司负责中心城区供水,郊区(县)由当地自来水公司负责供水。上海全市供水覆盖率高达 99.99%,供水总量能基本满足经济社会发展的需求,近年来供水水质稳中有升。

1. 水源

全市供水水源全部实现水库取水,供水能力达到 1593 万 m³/d,主要由黄浦江上游金泽水库、长江青草沙水库、长江陈行水库以及崇明东风西沙水库组成。长江青草沙原水工程建设前,就上海市中心城区来看,饮用水水源地主要包括黄浦江上游水源地和长江陈行水库水源地,取水量为 778 万 m³/d。其中,黄浦江上游水源地一级饮用水源保护区共包括 4 段,分别为青浦太浦河原水取水口、松江斜塘原水取水口、金山黄浦江原水取水口和松浦大桥原水取水口,取水规模为 622 万 m³/d,约占原水供应量的 80%;长江口陈行水库水源地取水规模为 156 万 m³/d,占原水供应量的 20%左右。根据 2005 年上海市总体规划修编内容,按照 2000 万人口规模确定的城市总体规划和产业布局要求计算,2020 年合格原水缺口达 600 万 m³/d。总投资 170 亿元的青草沙原水工程建设于 2007 年 6 月正式启动,设计供水量为 719 万 m³/d,工程建成后,其优质充沛的淡水资源北与长江陈行水库引水系统相连,南与黄浦江上游引水系统衔接,互为补充和备用,形成"两江并举、三足鼎立"的水源地格局。

青草沙原水经水库调蓄后,通过大型输水管道及泵站向陆域各水厂输送。其中,向长兴岛供应 11 万 m³/d,向陆域供应 708 万 m³/d。青草沙水库的建成通水,标志着上海市水源地格局发生了很大变化。到 2011 年 6 月,原取用黄浦江原水的 7 个水厂切换水源,新建的金海水厂通水,长江原水和黄浦江原水的供应比例由以前的 3：7 调整为 5：5,2012 年 10 月南汇支线通水后进一步调整为 7：3。

2013 年获批的《黄浦江上游水源地规划》为黄浦江上游水资源的保护和开发提供了依据。规划提出,上海的供水水源必须坚持"两江并举、多源互补"的发展战略,为提高黄浦江上游原水供应安全保障程度,将西南五区取水口归并于太浦河金泽和松浦大桥取水口,形成"一线、二点、三站"(一条输水主干线、二个集中取水点、三座原水提升泵站)的黄浦江上游原水连通工程布局,实现正向和反向互联互通输水;同时在太浦河北岸金泽地区利用现有湖荡建设水库,以加强水源地的集中保护,稳定水质。金泽水库已建成通水,服务西南五区 670 万人口。

2. 水厂

截至 2012 年底,全市共有自来水厂 78 家,供水能力为 1145 万 m^3/d。其中中心城区供水能力 777 万 m^3/d;郊区供水能力 368 万 m^3/d。水厂以混凝、沉淀、过滤和消毒等常规处理工艺为主,近年来,为了全面提高出厂水质,深度处理工程大量上马,臭氧生物活性炭深度处理工艺的处理水量已超过 300 万 m^3/d。

为确保实现世博会期间向世博园区提供优质自来水的目标,临江水厂(60 万 m^3/d)和南市水厂(70 万 m^3/d)均采用臭氧活性炭深度处理工艺,其中,临江水厂 60 万 m^3/d 紫外消毒("十一五"水专项示范工程)更是世界上最大的饮用水紫外消毒工程。臭氧活性炭工艺兼有化学氧化、物理吸附和生物降解三个作用,经深度处理工艺处理后的出厂水,其色度、嗅味和有机污染物等方面指标较以往常规工艺处理后的出厂水均有明显的改善。

黄浦江原水有机物偏高,常规处理后耗氧量指标阶段性不达标。目前,取黄浦江原水的水厂已经全部采用深度处理工艺,长江原水水厂部分采用深度处理工艺。

3. 管网

截至 2015 年底,全市现有原水输水干管 367km。全市公共供水管网总长度 36383km,其中,中心城区和郊区(县)各占一半左右。中心城区和郊区(县)集中城镇为环状管网供水,材质主要为钢管和球墨铸铁管,安全性较高;郊区农村大部分地区仍为枝状管网供水,水泥管、灰铁管比例较高。

上海供水管网存在的主要问题有:①管网水质二次污染问题;②管网漏损及产销差问题。

4. 二次供水

上海市政管网末梢的最低供水服务压力为 16m,1～3 楼居民住宅由市政管网直供,3 楼以上都采用二次加压供水。二次供水设施运行维护由小区物业公司负责。二次供水模式主要是水箱水池联合供水(中心城区约有 20 万只水箱),也有水池加变频泵供水,郊区(县)有少量的叠压或无负压供水。闵行区从 2000 年开始逐步取消多层建筑水池水箱,提升管网最低服务压力至 30m 左右,多层建筑所有楼层均由市政管网直供。

全市约有 6 亿 m² 居民住宅,其中郊区(县)约 2 亿 m²,中心城区约 4 亿 m²。中心城区 2000 年之前建设的居民住宅约 2 亿 m²,是改造的对象。其中,世博会之前完成 6000 万 m² 居民老旧住宅二次供水设施改造,余下 1.4 亿 m² 分 7 年完成,2014～2020 年新一轮二次供水设施改造计划每年完成 2000 万 m² 改造量,改造后由自来水公司接管;改造一批,接管一批,管水到户。2016 年市政府提出加快改造进程,2017 年底完成中心城区老旧住宅二次供水设施改造量,并从 2017 年启动郊区(县)的居民老旧二次供水设施改造工程,2018 年底完成全部改造工作。

5. 中心城区供水概况

上海城投水务集团运营能力包括原水输送能力 1593 万 m³/d、自来水供水能力 810.9 万 m³/d,拥有的生产设施包括水源地水库 2 座、大型泵站 11 座、自来水厂 16 座、自来水增压泵站 59 座,以及原水管线 367.54km、自来水管线 20676.8km、自来水户表 561.5 万只等,供水面积 1868.8km²,服务常住人口约 1522.5 万人。

城投水务浦西供水范围由杨树浦、闸北、吴淞、月浦、泰和、罗泾、长桥、南市、闵行、徐泾水厂供水,下辖杨浦、虹口、闸北、普陀、黄浦、徐汇、长宁、闵行、宝山、青东和松北 11 个供水管理所 36 个供水管理站,2015 年全年自来水供水量为 162861.24 万 t,2015 年 1～12 月管网平均压力 210.4kPa。

6. 郊区(县)供水概况

上海郊区(县)的供水发展起步于 20 世纪 60 年代初,可分为三个阶段:第一阶段为 20 世纪 60 年代～80 年代,兴建农村水厂,基本解决农民的喝水问题,由政府、集体、受益群众共同投资兴建镇、村水厂,广大农民群众终于自如地用上了自来水。在此阶段,上海市郊农村建造了 409 座镇、村水厂,使近 550 万农民用上了自来水,在全国率先实现了全市农村自来水化。第二阶段为 80 年代末～21 世纪初,关闭村级水厂,提升制水工艺。为解决郊区(县)水厂原水水质差、水厂规模小、制水成本高等问题,从 1996 年起,上海就关闭村级水厂,至 2000 年已累计关闭 162 座村级水厂,切换水量 20 万 m³/d,受益人数 52 万。第三阶段为进入 21 世纪后,全面推进郊区(县)集约化供水。按照与建设社会主义新农村和与现代化国际大都市的地位相适应的供水要求,从 2003 年起,根据《上海市供水专业规划》提出总量平衡、确保供应、优化布局、提升水质的原则,全面推进郊区(县)集约化供水。2015 年底,上海完成所有郊区(县)的集约化供水工作,上海所有原水集中到四大水源保护区取水,70个小取水口逐渐归并,关闭乡镇小水厂,基本实现城乡供水公共服务均衡化。

7.1.2 信息化程度

随着上海市经济高速发展,城市供水行业已经成为城市经济发展和推动社会进步的基础产业,城市给水设施建设和管理得到迅速的发展,供水量稳中有增,供水管网规模不断扩大,现代化给水管理手段和水平不断加强和提高,特别是在信息化管理、计算机应用技术发展等方面卓有成效,先后已经建立了管网SCADA系统和GIS等系统,并成功应用。

1. 管网地理信息系统

上海市供水调度监测中心的GIS由GIS开发商上海杰狮信息技术有限公司承建,于2010年建成,收集了市区四家水司DN500以上的管网GIS信息,共分6种表(阀门、流量点、消防栓、重要用户、管线、节点)、3个层(节点、管线和设备层),每种对象具有丰富的属性,建模需要的管径和管长等关键字段基本可以满足建模的需求。

由于GIS关注的是管网的地理位置和物理属性信息,对于一些水力属性信息,如摩阻系数、局部阻力系数等未进行统计,对于管网模型中关注的系统的连通性、孤立点、超近点线关注度不高;同时因为GIS建成年代和管网的建成年代有一定的时间差,物理属性如敷设日期、管材和节点标高等部分信息缺失;此外,GIS中也难以避免存在拓扑错误问题,而且这部分问题比较难以一次性完全查找和解决。

2. SCADA系统

供水监测中心建成了完善的SCADA系统,实现了从原水取水输送、水厂制水到管网输水系统的全过程监控。中心城区的所有水厂、泵站、水库、管网全部实现实时监控,并已开始覆盖郊区(县)水厂和泵站。调度监控科作为供水安全保障的一线科室,在日常调度和重大工程性措施的推进落实中充分发挥自身"服务、协调、指导、监管、应急处置"的作用,负责制订全市供水调度计划,并对全市各供水企业水厂、泵站和管网的运行压力、运行状态进行实时监控。针对日常生产服务状况和各类可能的突发事件,组织协调水厂、泵站及管网运行,必要时通过调节公司区域间的边界馈水阀门等手段,充分发挥全市供水一网调度的作用,确保全市自来水服务供应。

7.1.3　水厂和增压泵站

上海中心城区共有水厂 18 座,进入模型的有 15 座;增压泵站有 51 座,进入模型的有 47 座。2009 年最大日供水量为 670 万 t,2010 年最大日供水量达 700 万 t,见表 7-1 和表 7-2。

表 7-1　上海市中心城区水厂列表

供水公司	水厂名称	供水能力/(万 t/d)	备注
市北	泰和水厂	80	
	吴淞水厂	18	
	杨树浦水厂	148	
	月浦水厂	40	
	闸北水厂	28	
市南	长桥水厂	140	
	南市水厂	48	
	徐泾水厂		
浦东	居家桥水厂		
	临江水厂	60	
	凌桥水厂	40	
	陆家嘴水厂		
	杨思水厂		
闵行	闵行水厂		
	源江水厂		
	九亭水厂		属松江区域,未进模型
	新桥水厂		属松江区域,未进模型
	泗泾水厂		已停止供水,未进模型

表 7-2　中心城区增压泵站列表

供水公司	泵站名称	供水能力/(万 t/d)	备注
市北	广中路泵站	9.6	
	杨浦泵站	13.63	
	彭浦泵站	4.73	
	恒丰路泵站	5.2	
	沪太路泵站	8.2	

供水公司	泵站名称	供水能力/(万 t/d)	备注
市北	真南路泵站	38	
	泗塘泵站	11.47	
	富锦泵站	19.58	
	真北路泵站	24	
	中山北路泵站	13	
	鸭绿江泵站	19.2	
	和田路泵站	10	
	曲阳泵站	3	
	宝安泵站	12	
	松花江泵站	13.44	
	汶水路泵站	40	
	金沙江泵站	12.96	
	场中路泵站	14.59	
	南大路泵站	17	
	宜川路泵站	3.8	
市南	胶州路泵站	17.16	
	吴中路泵站	76.512	
	中山西路泵站	19.44	
	紫华路泵站	4.752	
	天钥桥泵站	18.24	
	人民公园泵站	8.7264	
	临空泵站	14.4	
	复兴公园泵站	20.16	
	衡山路泵站	7.8192	
	仙霞路泵站	41.76	
	华翔路泵站	15.6	
	河滨泵站	7.008	

供水公司	泵站名称	供水能力/(万 t/d)	备注
市南	宜山路泵站	38.4	
	北翟路泵站	1.896	停役
	华新泵站	0	停役
	凤溪泵站	0	属于青东
	龙阳泵站	0	属于青东
浦东	东沟泵站	7	
	高南泵站	18	
	张桥泵站	20	
	严桥泵站	12	
	三林泵站	38	
	龙东泵站	10	
	机场泵站	10	
	长清路泵站	15	
	临沂泵站	4	未进模型
	鲁汇泵站	4	
闵行	吴泾泵站	5	
	星站泵站	5	
	东川泵站	2	
	中春路泵站	20	
	颛桥泵站	20	
	新桥泵站	10	未进模型,无此处管网拓扑信息

7.1.4　供水管网系统

进入 GIS 的上海市中心城区供水管网系统的供水区域面积超过 190km^2;供水区域内有 DN500~DN2000 管线长度约 2888km(表 7-3),主干管与配水系统连接。

表7-3　供水管网系统管段长度和根数（来源于 GIS）

管径	长度/m	根数
DN500	1529.54	38396
DN500～DN800	608.70	9002
DN800～DN1000	409.72	4698
DN1000～DN1200	165.85	1967
DN1200～DN1800	161.31	2600
DN1800～DN2000	12.85	189
合计	2887.97	56852

另外有部分管网数据收集自 Auto CAD，将该部分管网导入进模型（表 7-4）。由于未收集到相关的水厂运行和水量数据，该部分拓扑不参与计算。故不重点介绍。

表7-4　供水管网系统管段长度和根数（来源于 GIS 和 CAD 系统）

管径	长度/m	根数
DN500	1579.71	38515
DN500～DN800	638.16	9060
DN800～DN1000	421.16	4707
DN1000～DN1200	173.47	1974
DN1200～DN1800	179.18	2618
DN1800～DN2000	12.85	189
合计	3004.53	57063

7.1.5　供水管网运行调度

经过水厂处理的水由二级泵房输送到输配水管网系统供至用户，部分区域压力不足通过增压泵站进行增压。

中心城区四家水司统一上传水厂二级泵站和增压泵站的运行数据至上海市供水调度监测，调度中心负责监测管网压力变化情况，如有异常，及时通知水厂调度室，水厂调度室根据出厂压力要求改变水泵开机状态，满足管网用户的压力需求。根据历史调度经验，上海市供水调度监测中心根据每个时段的压力控制范围、开机方案、出厂水瞬时流量指标、清水池水位、管网控制点压力提出参考值，作为调度的依据。

已有调度实时信息监测站超过 500 个，监测水量、水压、水质等生产信息近 5000 点。调度监控科自主开发了 Web 应用和调度运行管理系统，已与水文、气象、太湖流域及水务局等部门实现了信息的互联互通。信息化的发展为科学调度、安全供水提供了有力的技术保障，更在"抗咸潮入侵，保障服务供应"和"高峰供水"及突发事件应急处置工作中发挥了至关重要的作用。

7.2　供水管网模型现状调研

7.2.1　管网模型现状

经调研可知，市南、闵行和市北公司供水区域均已建成各自管网模型，模型概况见表 7-5。

表 7-5　供水管网模型概况

供水公司	软件平台	模型规模
市南	MIKE Urban	所有 DN300 及以上的管道，以及部分 DN200 的联通管；模型中管线长度为 1600 多 km（市南 DN75 以上管道约 4000km），节点数为 50000 多；动态模型
闵行	WaterCAD	DN500 以上管道；静态模型
市北	Inforworks	涵盖 DN100～DN2000 的管道；节点数达 211113 个，包括 20 个泵站、5 个水厂、12 个水库、136 台泵、708 个控制阀门；动态模型

由表 7-5 可知，三家公司管网模型分别采用不同软件进行开发，这给各公司管网模型的互通和数据交换造成较大的障碍，各供水区域内的管网模型计算只能在各自的管网模型平台上完成。

三家公司管网模型的完整性和水平参差不齐，其中市南和市北公司管网模型开发较为深入，且都是可以进行全时候模拟计算的动态模型。市北模型涵盖了供水区域内 DN100 以上的所有管道和其他重要供水设施。市南公司管网模型也覆盖了供水区域内 DN300 以上的所有管道和其他重要供水设施，此外还包括部分 DN200 供水管道。而闵行公司的管网模型只覆盖了 DN500 以上的供水管道和重要供水设施，且为静态模型。

此外，市南公司管网模型由于开发建设时间较晚，供水区域内西部地区的模型存在较大误差，不能满足研究管网模型计算的需要，需要对该部分模型进行校正和完善。

1. 市北管网模型应用情况

市北管网模型在不同工况条件下的应用主要包括以下内容：

(1)闸北水厂停役模拟(2011年5月10日)。

(2)外环线 DN1400 停管模拟(2011年5月23日)。

(3)泰和新车间- 2020年嘉定水量规划试算。

2. 市南管网模型应用情况

市南管网水力模型、世博水力水质模型试运行近一年,其间不断修正与提高,也对市南的各个基础数据库进行了校验。这一年里,市南各部门利用水力、水质模型做了以下方案的应用:

(1)2010年5月,世博园区苗江路水质方案。

(2)2010年6月,世博园区鲁班路水质方案。

(3)2011年2月,南市、长桥水厂供水分界面分析。

(4)2011年4月,东水西调方案和新东水西调方案。

(5)2011年4月,2011年高峰用水分析方案。

(6)2011年5月,泸定路馈水方案。

(7)2011年6月,青东地区规划方案。

(8)2011年6月,徐泾水厂新厂水泵选型方案。

(9)2011年7月,复兴路关阀方案。

(10)2011年8月,茂名路长乐路关阀方案。

(11)2011年9月,中环线北翟路关阀方案。

(12)2011年10月,复兴中路关阀方案。

(13)2011年10月,成都北路关阀方案。

从方案里可以看到,既有水厂的规划建设,也有管网的日常运行管理,还有世博园区水质的分析研究,应用面宽广。

3. 闵行管网模型应用情况

闵行管网静态水力模型的应用主要基于规划层面,兼顾管网高峰及运行现状的初步分析,主要有以下几方面的应用:

(1)供水管网运行现状分析。

(2)高峰供水形势预测,并为高峰调度提供宏观参考。

(3)供水规划的方案论证以及管网远期发展格局的梳理。

(4)供水管网及构筑物调整对管网影响分析等,如水厂的关停、大口径输水管线的敷设(工可水力计算)、泵站的调整(如九亭、吴泾等)及大范围的供水区域调整等。

综上所述,三家公司管网模型建成后,均在供水规划、运行管理方面得到了一定的应用。

7.2.2　各区域供水管网模型校核与评估

在本研究开展过程中,市南、市北和闵行公司分别以 2010 年和 2011 年用水高峰日模型完成了校核计算,并根据模型计算结果,对管网特定节点实测服务压力和管段流量进行比照了分析,取得了计算结果和实测资料的吻合,验证了现状管网模型的可用性和合理性。

1. 市南管网模型校核

1)管网模型校核过程和方法

市南公司将整个管网分成几块,在相对独立的各个分区中,采用校验拓扑、拟合水泵曲线、调整用水模式、调整管线粗糙度来校验模型。其核心思想是从可能引起最大误差的地方开始校验,逐步向误差小的方向进行校验。

首先根据市南管网的特征,将整体管网分成 5 个区。分区的原则是世博区域、供水分界面(包含水库泵站)、大口径管网分割处等。在每个区域中,除 SCADA 系统现有压力点、流量点之外,市南公司还安装了许多临时测流点和测压点以供校验之用。例如,利用实测压力、流量数据校验大口径管道中特别不合理的压力、流量点,找出基本的拓扑错误,如阀门关闭、管线连接关系不正确等。在实际情况中,发现过模型中华翔路泵站进出站阀门的开启情况与实际不一致,造成模拟情况与实际情况大相径庭。

其次是校验水泵特性曲线。在建模的实际过程中发现,水泵的样本曲线往往并不准确,与实际误差较大,因此在 SCADA 数据比较充分的情况下,采用 SCADA 数据拟合进行水泵特性曲线的校验。

然后是用水模式调整。由于各类水表分成 12 类用水模式,其样本数量有限,有些采样的模式并不一定合理,需要进行调整。针对这一情况,对各类用水模式进行合理、细微的修正。

最后是针对管线粗糙度的调整。市南 GIS 中原先没有管线粗糙度的数值,因此根据通用的管线粗糙度先行代入计算。通过初步计算,并经过上述三个步骤的校验后,进行管线粗糙度的微调,从水厂开始,由近及远,先调整主干管线的粗糙度。

2)管网模型校核结果

市南公司管网模型以 2010 年高峰日校核,SCADA 实测压力数据与计算压力数据共计 33 组,其中,11 个节点,即 33.3%的数据误差小于 1m;21 个节点,即 63.6%的数据误差为 1~4m;1 个节点,即 3.0%的数据误差为 4~5m。

市南公司管网模型以 2011 年高峰日校核,SCADA 实测压力数据与计算压力数据共计 34 组,其中,9 个节点,即 26.5%的数据误差小于 1m;21 个节点,即

61.8%的数据误差为1~5m;4个节点,即11.8%的数据误差为5~6m。

根据国际流行的模型校验标准,结合上海实际情况,市南公司制定了模型校验标准,并根据这一测试标准,经过校验的市南公司水力模型总体情况良好,符合调度方案的需求。

2. 市北管网模型校核

1)管网模型校核方法和过程
市北公司模型校核分两个阶段进行:
(1)校核水厂、泵站主要组件的流量、压力,边界区域流量。
(2)对模型开展详细的校核。①校核管网拓扑及其属性(如管径)。②校核水泵、阀门操作记录。③校核水泵特性曲线。④校核用户用水量变化曲线。⑤各区区域末梢测压点的校核。⑥区域间流量仪校核。

2)管网模型校核结果
市北公司2010年高峰日模型校核,SCADA实测压力数据与计算压力数据共计78组,其中,48个节点,即61.5%压力数据误差为0~2m;21个节点,即26.9%压力数据误差为2~4m;5个节点,即6.4%压力数据误差为4~6m,4个节点,即5.1%压力数据误差大于6m。

市北公司2011年高峰日模型校核,SCADA实测压力数据与计算压力数据共计79组,其中,45个节点,即57.0%压力数据误差为0~2m;19个节点,即24.1%压力数据误差为2~4m;7个节点,即8.9%压力数据误差为4~6m;8个节点,即10.1%压力数据误差大于6m。

从以上校核结果可知,市北公司管网模型具有较好的模拟管网实际的能力,能够满足本研究对管网模型计算的要求。

3. 闵行管网模型校核

1)管网模型校核基本方法
(1)管网拓扑结构校核。检查管网连接关系是否正确、新增管线是否更新入模型、关键阀门开闭状态是否正确等。
(2)用水量时变化系数校核。调取最大日的供水量数据、泵站及水库的进出水数据与各边界流量计的流量数据进行对比分析,确定最大日的用水量时变化系数。
(3)新增的集中用水量校核。对新增的比较集中的用水量进行分析,合理分配至模型的相关节点上。

2)管网模型校核结果
闵行公司2010年高峰日模型校核,SCADA实测压力数据与计算压力数据共计34组,其中,9个节点,即26.5%的数据误差小于1m;21个节点,即61.8%的数据误差为 1～5m；4 个节点，即 11.8％的数据误差为 5～6m。

闵行公司 2011 年高峰日模型校核，SCADA 实测压力数据与计算压力数据一共 33 组，其中，11 个节点，即 33.3％的数据误差小于 1m；21 个节点，即 63.6％的数据误差为 1～4m；1 个节点，即 3.0％的数据误差为 4～5m。

从以上模型校核结果可知，闵行公司管网模型也基本能够满足本研究对管网模型计算的要求。

4. 各供水区域管网模型评估

三家公司的管网水力模型已基本建成，并初步应用于指导生产实践，取得了不错的效果。

根据国际通行的建模型校验标准，并结合上海实际情况，制定相应的模型校验标准，以 2010 年和 2011 年高峰日对模型进行校核与评估。经过校验的市南、闵行和市北公司水力模型总体情况良好，压力数据误差和流量数据误差均满足校验标准，模型符合调度方案的需求。因此，经过对现状管网典型工况的复核，通过采用校验拓扑、拟合水泵曲线、调整用水模式、调整管线粗糙度来校验模型，最终模型拓扑结构、精度、参数等均满足计算要求，具备一定的可靠性，可以用于本研究供水格局调整方案的模拟。

此外，市南公司与闵行公司虽然现状管网计算方法不同，但拟合度均较好，能指导生产应用。由于三家公司管网模型的拓扑简化程度（DN100 以上，DN300 以上和 DN500 以上）、数据质量以及模型软件都不一样，很难把三家公司的管网模型整合在一起进行方案计算，从便于供水地区"一张网运行"的角度考虑，应统一管网计算模型。

7.2.3　中心城区管网模型整合

上海市供水调度监测中心为了保证和提高上海中心城区供水服务质量，降低供水成本，通过一网调度提高供水效益，对中心城区四家自来水公司的管网模型进行整合。

2010 年 4 月，对调度中心的拓扑数据进行了更新，就新的拓扑进行了重新建模。考虑到模型中的运行数据有了较大变化，SCADA 系统做了更新改造，数据可靠性增加，重新收集了 2010 年 5 月～7 月的运行数据。

供水管网拓扑数据处理需时约 4 周，主要完成管网拓扑联通性、水厂二泵站和增压泵站的拓扑及特性曲线输入。

四家公司营业数据处理约 8 周，包括营业收费数据整理、区块区域划分和绘制、用水模式和用户的关联、区块用水模式处理。运行控制数据包括测压点绑定、水泵站数据等数据处理和录入，其中营业收费数据处理和拓扑、测压点绑定等同步进行。

1. 拓扑处理策略

模型拓扑来自四家公司的 GIS,质量不一。调度中心建设的 GIS 是 DN500 及以上的管径,由于 GIS 是拓扑上的管理,未考虑小于 DN500 管径的拓扑数据对系统连通性和水力等效性的影响。而这些将对建模有较大影响,故最终建模的管径在 DN700 以上(含与大管径成环的 DN500 管径数据)。

2. 节点流量分配策略

由于模型建立的管径较大,已可以归类为宏观模型,此时管径上出水量已经比较均匀;同时,用户的地理位置信息(X、Y 坐标)收集难度很大,用户的水量很难上溯至某个节点。采用比流量和用地面积的方式进行分配。

3. 用水模式

用水模式很难单独根据每个用户的水量进行一一匹配。实际应用中,根据各种用户的用水模式和用户中每种用户的水量及对应模式进行加和,生成一条综合区块模式。该区块中的所有节点的模式均采用该区块模式,采用用地类型的方式进行分配。同时,营收中的统计水量和实际的运行水量有一定的差异,将根据实际情况进行缩放和做差,得到新的用水模式,采用比流量的方式进行分配。

7.3　供水规划调研及需水量预测

7.3.1　各供水区域规划资料梳理

1. 各供水区域规划预测需水量梳理

(1)《上海市中心城区西南地区供水规划》。该规划是涉及市南和闵行公司的供水专业规划,编制于 2004 年。该规划预测,2020 年市南供水区需水量 225 万 m³/d,市南供水区水厂总供水能力达 230 万 m³/d,水量约有 5 万 m³/d 富余;2020 年闵行供水区需水量 108 万 m³/d,闵行水厂总供水能力达 110 万 m³/d,水量供需平衡。同时,该规划预测 2012 年市南供水区需水量 212 万 m³/d,闵行供水区需水量 90 万 m³/d。

(2)《中国博览会会展综合体项目供水专业规划》。该规划预测市南公司供水区域 2020 年需水量为 225.5 万 m³/d,其中传统供水区域预测水量为 185 万 m³/d,水量快速增长地区预测水量为 40.5 万 m³/d。同时,该规划预测市南供水区域 2015 年需水量 198 万 m³/d,其中传统供水区 165 万 m³/d,西部地区 33 万 m³/d。

(3)《上水闵行公司供水系统专业规划修编》。该规划分别用分类用水法和综合指标法对闵行水司供水区域进行了水量预测。综合两种方法预测结果,该规划确定 2020 年闵行公司供水区域总需水量为 115 万~120 万 m^3/d。在 2020 年需水量预测的基础上,该规划采用"用水量趋势法"预测闵行公司供水区域 2015 年最高日需水量约为 90 万 m^3/d,其中松北三镇地区 24 万~25 万 m^3/d,闵行地区 64 万~65 万 m^3/d。

(4)《上水市北陆域地区供水系统规划(2011—2020)》。该规划同样采用了前述两种方法,考虑到市北陆域供水区规划范围比较大,受影响的因素很多,尤其是人口变化、工业区开发的强度、节约用水力度以及水价政策等对实际用水量的影响。因此,按照供水区 2020 年规划人口 581 万人、工业区面积 81.2km² 预测,2020年最高日需水量按 330 万 m^3/d 考虑。同时,该规划预测市北公司供水区域 2015年最高日需水量 315 万 m^3/d。

综合上述几个供水专业规划分别对市南、市北和闵行公司供水区域 2015 年、2020 年最高日需水量的预测结果,将规划数据汇总如表 7-6 所示。

表 7-6 供水公司规划年限内需水量预测汇总 (单位:万 m^3/d)

供水公司	需水量	2015 年	2020 年
市南	合计	198	225.8
	西部/传统区	33/165	40.8/185
市北	合计	315	330
	中心城外/中心城	94/221	116/214
闵行	合计	90	120
	西部/传统区	23/67	33/87

2. 各供水区域规划工程梳理

1)市南供水区域

(1)水厂工程。考虑到地区远景规划的不确定性及市南西部地区较高的发展定位,徐泾水厂扩建工程应为远期发展预留余地。徐泾水厂用地建议按照 30 万 m^3/d 规模控制。在相关规划中研究徐泾原水支线规模由 20 万 m^3/d 调整至 30 万 m^3/d 的规划方案。

(2)泵站工程。为保证包括会展综合体在内的市南西部地区供水安全的需要,应尽快推进虹桥枢纽增压泵站(10 万 m^3/d)和陇西泵站(12 万 m^3/d)建设。

(3)管道工程。新建陇西泵站 DN1200 出站管道约 1000m。

2)闵行供水区域

(1)水厂工程。规划水厂总供水规划按照 120 万 m^3/d 控制,扩建源江水厂,将源江水厂由规划 50 万 m^3/d 扩大至 60 万 m^3/d。由于源江水厂规划原水由黄浦江上游原水系统闵奉支线供给,原水管线已批复规划为 DN2600 单管,若要满足增加 10 万 m^3/d 原水供给,经水力计算单管直径需达到 DN2800。

(2)泵站工程。规划将东川路水库泵站改造为水库增压泵站,管道增压泵组规模扩建至 $Q=2700m^3/h$,水库库容扩建至不小于 1.0 万 m^3,同步实施泵站进出管改造工程,从沪闵路增设一路 DN800 输水管到东川路泵站,沿东川路增设一路 DN800~DN1000 出站管;七宝地区设置水库泵站;建设泗泾水库泵站,规划泗泾水库泵站位于刘五公路东侧、城中路南侧,占地约 10 亩①,泵站出水能力为 $Q=2300m^3/h$,水库库容 1.5 万 m^3;建设九亭水库增压泵站,在原九亭水厂原址建设九亭水库增压泵站,规模为水库库容 1 万 m^3,泵站水库增压规模约 $Q=1600m^3/h$,管道增压规模保持 $Q=2760m^3/h$;对吴泾泵站进行增能改造,增设泵 1 台管道增压机泵,增加该泵站的增压能力,增设一路出站管,沿放鹤路敷设 DN800~DN500 输水管作为第二出站管的延伸,改变只有一路出站管的状况,增大吴泾泵站的供水能力,实现该泵站供水范围向西适当拓展,分担颛桥泵站供水负荷。

(3)管道工程。吴泾泵站出站管改造工程;东川路泵站进出站管线改造工程;九亭泵站进出站管线工程;新桥泵站第二路出站管线工程;泗泾水库泵站进水管线工程;吴泾地区输水管线完善工程;大型居住社区等重点项目配套输水管线工程。

3)市北供水区域

(1)水厂工程。在规划陈行陆域水库附近建设罗泾水厂,水厂规模按 25 万 m^3/d 控制。考虑区域西部及外环线以外顾村、杨行等地区的供需平衡,结合原水系统现状,规划将泰和水厂扩建至 120 万 m^3/d。规划关闭吴淞水厂。

(2)泵站工程。预留石太路水库增压泵站用地,建设罗店水库增压泵站;建设罗南水库增压泵站;考虑在锦秋路、祁连山路附近,设置一座增压泵站,满足祁连山路沿线及嘉定南翔地区的用水需求。

(3)管道工程。规划建设新川沙路 DN1200、DN1000 和 DN800、潘泾路 DN1000~DN800、沪太路 DN800 输水管;规划建设潘泾路、富长路 DN500 供水干管,建设宝安公路、富锦路 DN800~DN700 输水管;规划结合北外滩地区开发,改建原有杨树浦路、东大名路输水管,规划建设 DN1600~DN1000 输水管至不夜城水库泵站;按照泰和水厂 120 万 m^3/d 的规划供水规模,规划增排一路 DN1500 出厂管至富长路;同时在现状 DN1800、DN1400 及 DN1500~DN1200 三路厂外输水

---

① 1 亩≈666.7m^2。

干管的基础上,增加其向南部的输水能力,规划结合富长路—康宁路道路建设,增加一路厂外输水管。规划沿富长路—康宁路(外环线—场中路)敷设 DN1500~DN1000 输水管,沿南蕰藻浜路—塘祁路—祁连山路—锦秋路等敷设 DN1400~DN1000 输水管,沿祁连山路(锦秋路—南大路)增敷一路 DN1000~DN800 输水管。

7.3.2　各供水区域阶段需水量预测

城市需水量主要包括工业需水量、生活需水量及其他需水量,其他需水量主要包括市政用水、浇洒道路、绿地及管网漏失等水量。工业需水量和生活需水量为城市主要需水量。需水量预测是城市供水总体规划和工程规划的基础。

城市需水量预测可分为中长期的年需水量预测以及短期的时需水量预测、日需水量预测。其中,城市年供水量反映一个城市总体的用水特征,是水量预测的重要组成部分,它是城市进行水资源规划和管理的有效手段,也是供水系统优化调度管理的重要部分,有着重要的意义:

(1)在我国不少城市和地区面临缺水的局面下,为适应城市迅速发展的需要,搞好城市供水、用水和节水工作,指导城市的近期、远期供水规划建设,合理而准确地预测城市未来的需水量,将对减少供水设施建设投资总额和可能发生的用水危机起到决定性作用。

(2)需水量预测作为优化调度的基础,对供水系统调度具有重要指导作用,为输配水系统的优化调度提供依据。水厂出水经加压送至用户,需要很大的能耗。通过需水量预测可对水泵进行优化调度和充分利用系统的储备能力来降低能耗,确保供水管网安全、稳定、优质、经济运行,合理地分配不同区域的用水量,为各个水厂产水量提供依据,最大限度地降低供水成本。

1. 需水量预测的原则和方法

城市需水量预测是一种特殊的、科学的分析过程,运用各种预测方法和技术,城市需水量的建立需要基于以下基本原则:①整体性;②相关性;③有序性;④动态性。

在上述基本原则的指导下,城市需水量预测可按如下步骤进行:

(1)收集数据资料,对数据做相应处理,并进行分析。

(2)采用两种及以上的预测方法,进行需水量估算。

(3)分析预测误差,评价预测结果。

常规的预测方法有回归分析法、灰色系统法、时间序列分析法、弹性系数预测法等方法。本研究中,将合理选用两种方法分别进行需水量分析,对比结果后,得出预测的结论。

2. 影响需水量预测主要因素

对于现代化的大都市,城市的供水量受诸多不确定因素的影响和制约,例如,国内生产总值(gross domestic product,GDP)、人口、天气、水价以及产业结构等都是影响城市供水量的重要因素。一般而言,这些因素对用水量变化规律的影响互不相同,从而构成了用水量变化的波动性。按影响因素的作用时间及效果的角度,这些影响因素一般可分为两类:一类是宏观影响因素,指那些对用水量具有长期效应的影响因素,具有全局性,对用水量的影响表现为年用水量的趋势性,例如用水政策、水价调整就是典型的宏观影响因素;另一类是微观影响因素,指那些对用水量的影响具有短期效应的因素,其影响表现为短期时间内用水量的相对波动性,例如,温度、天气状况、节假日等因素都是典型的微观影响因素。

GDP 是一个城市或者一个地区经济发展综合水平的标志。城市供水量随着GDP 和人口的增长呈逐年增加的趋势,三者之间存在一定的线性相关性。从 20世纪 90 年代开始,广州市经济发展迅速,城市面貌发生了翻天覆地的变化,经济的高速发展,带动了城市供水量的直线增长。可见,GDP 是影响城市供水的重要因素。

人口因素对城市供水的影响主要体现在它对城市综合用水的影响。人口的增加势必引起居民生活用水量的增加;居民生活水平的提高和用水量定额的变化在一定程度上也影响城市供需水量的变化。

另外,天气因素和城市水价等因素也在一定程度上影响城市供水量的变化。一般来说,高温、少雨会增加城市需水量;同时水价的波动也会引起城市需水量的变动,因此这两者也是在城市供水量预测中常常考虑的因素。

3. 各供水区域各阶段需水量预测结果

结合以上需水量预测的原则和影响因素,以市南、市北和闵行公司供水专业规划为基础,结合各公司已有接水申请和前几年最高日用水量情况,对各自供水区域各阶段(2012 年、2013 年、2015 年和 2020 年)需水量进行了预测,其中重点为 2012年和 2013 年供水区域需水量的预测,2015 年和 2020 年需水量各公司均采用了最新规划预测的需水量。

预测需水量见表 7-7。

表 7-7　各供水区域各阶段预测需水量　　　(单位:万 m³/d)

公司	供水量	2012 年	2013 年	2015 年	2020 年
市南	总量	181	194.5	198	225.8
	西部/传统区	28/153	29.5/165	33/165	40.8/185

公司	供水量	2012 年	2013 年	2015 年	2020 年
闵行	总量	80.6	84.2	90	120
	西部/传统区	21.8/58.8	22.7/61.5	23/67	33/87
市北	总量	260	275	315	330
	中心城外/中心城			94/221	116/214

7.4　预测需水量调整及供水结构调整方案

7.4.1　预测需水量调整

重点研究市南供水区 2006～2011 年最高日实际供水量发现,在 2008 年出现最高值后,最高日供水量存在逐年下降的趋势。进一步分析表明,最高日供水量下降的原因是产业调整导致了传统供水区需水量的逐年下降;与传统供水区相比,快速城市化的青东地区需水量则存在逐年增长的趋势。

分析供水规划的需水量预测可知,市南传统供水区的观测水量仍然存在较大幅度的增长,与实际情况不符。因此,调整市南公司供水域的预测需水量,调整的原则为:采用市南公司对 2012 年最大日需水量的拟定值,即 153 万 m^3/d 为调整基础;考虑到世博会园区的后期开发等项目的需水量,并为区域留有一定的需水量增长余地,建议市南传统供水区 2015 年最大日需水量为 159 万 m^3/d,年平均增长量约为 2 万 m^3;考虑到规划后期传统供水区存在需水量日趋平稳的特点,建议传统供水区 2020 年最大日需水量为 165 万 m^3/d,年平均增长量为 1.2 万 m^3,适当减低该区域观测需水量的增长幅度;青东地区维持规划预测的需水量不变。

根据市南传统区需水量调整意见以及华青地区规划预测水量的取用,市南供水区各规划阶段需水量的总体调整见表 7-8。

表 7-8　市南供水区各规划阶段需水量汇总表　（单位:万 m^3/d）

供水区	2012 年	2015 年	2020 年
传统供水区	153.0	159.0	165.0
华青地区	28.0	33.0	40.8
市南供水区	181.0	192.0	205.8

7.4.2　供水结构调整原则

根据管网现状和供水规划调研可知,虽然西部供水区域存在供需矛盾,但是供水系统总体仍然是供大于求的格局。鉴于整个西部地区供水管网隔离的现状,如果在管网格局上进行适当调整,可以结合管网现有措施方案,充分利用现有供水管网系统的设施能力,在短期内缓解西部供水区域局部紧张的现状。因此,对西部供水区域进行管网运行格局的合理调整。

结合 2020 年规划供水要求,重点研究 2015 年西部地区的供水结构形态,通过多种方案的比较分析,提出近远期相结合的方案调整设想。

方案调整的基本原则如下:

(1)以计算验证为基础。在对有关规划的工程系统布局、建设规模、实施时机等分析的基础上,制定调整方案,通过管网模型采用最大日 24h 连续模拟运行的仿真计算,以体现方案的针对性和合理性。

(2)以资源利用为重点。充分利用现有供水区既有资源,包括水厂能力、网中增压设施和输水干管等。

(3)以区域互补为特征。从统筹理念出发,结合管网特征,在原有基础上,通过采用合理的调整方案,实现各供水区域间的互补。

(4)以科学分析为支撑。通过核定的管网模型进行验证分析,取得合理的技术数据,为调整方案提供支撑。

(5)以方案比选为考量。调整方案体现与现状的有机结合,强调近远分期的衔接,通过调整方案综合分析和比较,考量调整方案的合理性。

(6)以持续发展为统筹。通过调整方案的全面统筹,对规划工程方案的进一步深化和细化提供参考,为城市西部供水整体格局的不断完善创造条件。

7.4.3 供水结构调整方案

供水结构调整方案以 2015 年为起点。

按照相关供水专业规划,西部华青地区拟建设规模为 20 万 m^3/d 的徐泾水厂及其配套凤溪增压泵站。经预测,华青地区 2015 年需水量为 33 万 m^3/d,2020 年为 40.8 万 m^3/d,部分水量仍需由市南供水区南市和长桥水厂转输供给。

根据相关规划安排,于市南供水区建设虹桥泵站,规模为 10 万 m^3/d,通过规划陇西泵站,增压长桥水厂来水。于闵行供水区北部建设七宝水库泵站,增压闵行水厂来水,规模约为 3.5 万 m^3/d。根据上述泵站的区位,均与现有星站泵站距离较近,相距 2.4~2.8km。从各供水区统筹供水考虑,存在三个泵站集约优化的可能性。

西部供水结构调整重点为上述三个泵站设置的结构调整,考虑有三个方案设想,在 2015 年供水格局调整的基础上,通过技术经济比较,对选择的方案进行 2020 年规划结构格局的衔接。

1. 调整方案一

方案特征如下:

(1)拟在规划七宝水库泵站区位,建设集约水库泵站,综合规划虹桥泵站、现有星站泵站和规划七宝泵站的增压功能,实现"三泵合一"。

(2)集约泵站接纳长桥水厂来水,进水系统分为南北两路,原则上利用现有工程设施,充分利用外环线 DN1200 输水干管的能力。

(3)集约泵站采用独立运行方式,分别主要服务于市南供水区的虹桥地区和闵行供水区的七宝地区,形成地区供水结构形态。

方案内容如下:

1)集约泵站

集约泵站具有管道增压和水库增压功能。集约泵站初拟站址位于外环线西侧,在漕宝路与吴中路之间。规模约为 13.5 万 m³/d。管道增压规模按最大日平均时规模确定。站内设置调蓄水库两座,单座有效容积为 8000m³,水库夜间进水,高峰增压出水。增压泵房内设置分别向虹桥地区和七宝地区供水的两套机组,常态独立供水,2015 年最大日供水分别为 10 万 m³/d 和 3.5 万 m³/d。

虹桥地区泵组初步考虑最大时增压供水 5133m³/h,出水压力 27~31m。设置 4 台管道增压泵,三大一小,一台大泵备用。大泵单台流量为 1700m³/h,扬程为 28m;小泵为 733m³/h,扬程为 28m。设置两台水库增压泵,单台性能为 500m³/h,扬程为 36m。

七宝地区泵组初步考虑最大时增压供水 1833m³/h,出水压力 20~24m。设置两台管道增压泵,其中一台备用。水泵单台流量为 1200m³/h,扬程为 28m;设置 1 台水库增压泵,水泵单台流量为 633m³/h,扬程为 36m。

2)进水系统

根据长桥水厂出厂主要干管及网中增压设施现状,在对现有输水干管系统不进行重大调整的基础上,集约泵站采用南北两路进水方式,以提高集约泵站进水的可靠性。

北路为长桥水厂来水经龙川路—柳州路 DN2000 向南,由现有吴中增压泵站二次增压后,再向西经吴中路 DN1400~DN1000,至外环线 DN1200 转向南,进入集约泵站。

南路为长桥水厂出厂水经上中路—梅陇路 DN1800、沪闵路 DN1400、闵虹路 DN1400 输配水干管一直向西,至外环线 DN1200 转向北,经外环线进入集约泵站。

3)出水系统

集约泵站出水分为两路。一路为 DN1000 接至吴中路原星站路进水管,向七宝地区供水。另一路由 DN1200 出站管与吴中路北侧的外环线 DN1200 相接,主要向虹桥地区供水。

2. 调整方案二

方案特征如下：

(1)利用现有星站泵站及吴中路输水系统,由经吴中泵站增压长桥水厂来水,在现有星站泵站不进行重大调整的基础上,转向闵行七宝地区供水。增压能力约为 3.5 万 m^3/d,接近于星站泵站界定的合理供水能力。

(2)在原规划七宝泵站站址附近建设水库泵站,接纳和增压长桥水厂来水,取代规划虹桥泵站功能。

(3)拟建七宝泵站进水利用 DN1200 外环线干管输水富余能力。

方案内容如下：

1)增压泵站

利用现有星站泵站及其进水系统,转向闵行七宝地区供水,最大时管道增压能力约为 1833m^3/h。初步考虑运行 2 台泵。水泵增压初步考虑 20～24m。

七宝泵站接纳长桥水厂来水,具备管道和水库增压功能。泵站设计规模为 10 万 m^3/d,管道增压规模按最大日平均时规模确定。站内设置调蓄水库两座,单座有效容积为 5000m^3,水库夜间进水,高峰增压出水。

初步考虑泵站最大时增压能力为 5133m^3/h,出水压力 27～31m。设置 4 台管道增压泵,三大一小,一台大泵备用。大泵单台流量为 1700m^3/h,扬程为 28m;小泵为 733m^3/h,扬程为 28m。设置两台水库增压泵,单台性能为 500m^3/h,扬程为 36m。

2)进水系统

星站泵站维持现有进水系统,不进行重大变更。

七宝泵站进水利用现有长桥水厂上中路 DN1800、沪闵路 DN1400 出厂干管和现有外环线 DN1200 输水干管,形成进水系统。

3)出水系统

星站泵站将部分利用现有 DN800 出水管与闵行七宝地区输配水管网相接,转向服务于闵行供水区北部。

拟建七宝泵站 DN1200 出站管与吴中路北侧的外环线 DN1200 相接,主要向虹桥地区供水。

3. 调整方案三

方案特征如下：

(1)利用现有星站泵站及吴中路输水系统,由经吴中泵站增压长桥水厂来水,在现有星站泵站不进行重大调整的基础上,转向闵行七宝地区供水。增压能力约为 3.5 万 m³/d。

（2）在原规划站址建设虹桥泵站,增压长桥水厂来水。

（3）虹桥泵站进水系统原则上采用原规划方案格局。在原规划初拟站址建设规划陇西泵站,由现有外环线 DN1200 干管向虹桥泵站输水。

方案内容如下：

1）增压泵站

利用现有星站泵站及其进水系统,转向闵行七宝地区供水,最大时供水能力及运行模式同调整方案二。

虹桥泵站为管道增压泵站,接纳由上游陇西泵站增压的长桥水厂来水。泵站规模约为 10 万 m³/d。泵站最大时增压能力为 5133m³/h,出水压力为 27～31m。设置 4 台管道增压泵,三大一小,一台大泵备用。大泵单台流量为 1700m³/h,扬程为 28m;小泵为 733m³/h,扬程为 28m。

陇西泵站为中途管道增压泵站,增压长桥水厂来水。泵站规模约为 12 万 m³/d。最大时增压能力为 6000m³/h,出水压力初步考虑 28～32m。设置 6 台增压泵,四大两小,一台大泵备用。大泵单台流量为 1300m³/h,扬程为 18m,小泵单台流量为 1050m³/h,扬程为 18m。

2）进水系统

星站泵站维持现有进水系统,不进行重大变更。

利用现有长桥水厂上中路 DN1800、沪闵路 DN1400 出厂干管,经中途陇西泵站,由外环线 DN1200 和沪青平公路 DN1200 输水干管,至虹桥泵站,形成主输水系统。

陇西泵站在利用现有长桥水厂出厂干管进行输水的同时,尚需新建约 1.7km 泵站专用进水管 DN1200。

3）出水系统

星站泵站将部分利用现有 DN800 出水管与闵行七宝地区输配水管网相接,转向服务于闵行供水区北部。

虹桥泵站 DN1200 出站管将利用现有沪青平公路 DN1200 输水干管,向虹桥地区供水。

陇西泵站通过新建约 1.7km DN120 泵站专用出水管与沪闵路 DN1400 输水主干管相接。

7.4.4　调整方案模拟计算及结果评估

1. 调整方案计算主要边界条件

调整方案阶段计算以 2015 年为阶段进行。主要仿真计算基础条件如下：

(1)与调整方案相关的主要供水区为市南供水区。在阶段仿真计算中,市南传统供水区 2015 年最大日需水量按 159 万 m³ 进行计算,华青地区最大日需水量按 33 万 m³ 进行计算。

(2)徐泾水厂供水规模按 20 万 m³/d 考虑,配套凤溪增压泵站供水能力按 6 万 m³/d 考虑。

(3)市南供水区向市北、浦东供水区馈水量分别为 6 万 m³/d 和 9 万 m³/d。

(4)在现有市南供水区管网供水系统的基础上,根据需水量分布,对华青地区管网系统进行拓扑调整。

(5)根据各方案初拟的泵站及进出水管道系统,在现有基础上进行相应布置。

(6)模拟计算在经现状典型最大日条件下复核的管网模型的基础上,按各方案的相应布置,进行最大日 24h 连续运行的模拟计算。

(7)在模拟计算中,市南供水区向闵行北部七宝地区馈水 3.5 万 m³/d,按集中流量考虑。

2. 调整方案一模拟计算结果及评价

1)管网模型仿真计算边界条件

根据阶段管网供水系统仿真计算考虑的主要条件,调整方案一仿真计算主要边界条件如下:

(1)徐泾水厂日供水规模由现状 7 万 m³ 扩大到 20 万 m³,根据需水量分布和凤溪泵站区位,对徐泾水厂出厂管及华青地区管网拓扑进行适应性调整。

(2)凤溪泵站运行方案为开启管道增压泵两台,水库增压泵一台。高峰日增压供水时间为 7:00~11:30 以及 16:30~21:30。

(3)集约七宝泵站进出水管线布置按调整方案一的相关内容进行布置。泵站最高运行水泵的开启,按照泵站水泵配置及其特性曲线,参与仿真计算。

2)仿真计算主要结果

(1)水厂和泵站水量。经仿真计算,在典型最大日供水条件下,市南供水区的长桥水厂供水量为 136.4 万 m³,南市水厂供水量为 55.2 万 m³,徐泾水厂供水量为 19.3 万 m³。集约七宝泵站进水量可达 14.6 万 m³/d,相应出水量为 14.3 万 m³/d,其中可向闵行北部七宝地区供水 4.0 万 m³/d 左右。经计算,届时华翔泵站出水量约为 11.0 万 m³/d。由上述内容可知,现有和规划水厂规模均可满足计算水量要求。集约七宝泵站初拟增压能力为 13.5 万 m³/d,计算可实现的水量大于初拟规模,可满足泵站增压水量需求。现有华翔泵站增压能力与计算水量基本持平,可满足安全运行要求。

(2)供水区服务压力。通过仿真计算,市南供水区除边缘局部地区的个别节点,如华翔泵站进水附近节点,服务压力偏低外,总体而言,市南传统供水区和华青地区最高时服务水压均能满足 0.16MPa 的要求。仿真结果显示,由于设置集约七宝泵站,沪青平公路与外环线交界区域供水服务压力较现状供水压力有明显提升,平均幅度为 8m 左右。计算表明,通过泵站的设置,可有效地改善上述地区供水水压,具有重要意义。

(3)集约七宝泵站进水压力。由于发挥外环线 DN1200 输水干管余能,输水管转输流量增大,相应水头损失增加,在考量集约七宝泵站进水水量的基础上,相关漕宝路龙茗路和外环顾戴路节点压力有一定程度的下降。摒除节点压力变化中 10:30 和 22:30 出现的压力畸点,泵站设置后,上述节点压力均可保持在 18m 以上。鉴于上述节点位于集约七宝泵站邻近,由此,典型最大日供水条件下,泵站进站压力可基本维持在 16.0~17.0m,满足泵站进水和进水系统管道沿途用户服务要求。

3. 调整方案二模拟计算结果及评价

1)管网模型仿真计算边界条件

根据阶段管网供水系统仿真计算考虑的主要条件,调整方案二仿真计算主要边界条件如下:

(1)徐泾水厂日供水规模由现状 7 万 m³ 扩大到 20 万 m³,根据需水量分布和凤溪泵站区位,对徐泾水厂出厂管及华青地区管网拓扑进行适应性调整。

(2)星站泵站进水系统布置维持现状。转向闵行七宝地区供水后,泵站开启两台增压泵,增压供水能力为 3.5 万 m³/d。在模拟计算中,按集中出流量考虑。

(3)七宝泵站进出水管线布置按调整方案二的相关内容进行布置。泵站最高运行水泵的开启,按照泵站水泵配置及其特性曲线,参与仿真计算。

(4)凤溪泵站运行方案为开启管道增压泵两台,水库增压泵一台。高峰日增压供水时间为 7:00~11:30 以及 16:30~21:30。

2)仿真计算主要结果

(1)水厂和泵站水量。经仿真计算,在典型最大日供水条件下,市南供水区的长桥水厂供水 130.3 万 m³/d,南市水厂供水 61 万 m³/d,徐泾水厂供水 19 万 m³/d。七宝泵站进水 11 万 m³/d,供水 10.7 万 m³/d。星站泵站增压水量为 3.5 万 m³/d。由上述内容可知,现有和规划水厂规模均可满足计算水量要求。七宝泵站初拟增压能力为 10 万 m³/d,计算可实现的水量略大于初拟规模,可满足泵站增压水量需求。现有星站泵站增压能力与计算水量基本持平,可满足安全运行要求。

(2)供水区服务压力。通过仿真计算,市南供水区除边缘局部地区的个别节点,如华翔泵站进水附近节点,服务压力偏低外,总体而言,市南传统供水区和华青地区最高时服务水压均能满足 0.16MPa 的要求。仿真结果显示,由于利用星站泵站增压供水,其增压能力控制在合理界定范围内,使现有进水条件得以改善,进水管道沿线节点服务水压有所提高,基本满足要求。由于设置七宝泵站,根据典型最大日逐时供水曲线可知,航华地区供水服务压力基本可维持在 0.18MPa 以上。较现状供水压力有一定的提升。

(3)七宝泵站进水压力。由于发挥外环线 DN1200 输水干管余能,输水管转输流量增大,相应水头损失增加,结合泵站进水水量,邻近七宝泵站的漕宝路节点压力有一定程度的下降。根据计算曲线分析,七宝泵站在典型最大日进水压力最低为 11.5m。总体而言,七宝泵站进水压力可满足泵站运行要求,进水沿线节点服务压力偏低。

4. 调整方案三模拟计算结果及评价

1)管网模型仿真计算边界条件

根据阶段管网供水系统仿真计算考虑的主要条件,调整方案三仿真计算主要边界条件如下:

(1)徐泾水厂日供水规模由现状 7 万 m³ 扩大到 20 万 m³,根据需水量分布和凤溪泵站区位,对徐泾水厂出厂管及华青地区管网拓扑进行适应性调整。

(2)凤溪泵站运行方案为开启管道增压泵两台,水库增压泵一台。高峰日增压供水时间为 7:00~11:30 以及 16:30~21:30。

(3)星站泵站进水系统布置维持现状。转向闵行七宝地区供水后,泵站开启两台增压泵,增压供水能力为 3.5 万 m³/d。在模拟计算中,按集中出流量考虑。

(4)虹桥泵站和陇西泵站进出水管线布置按调整方案三的相关内容进行布置。泵站最高运行水泵的开启,按照泵站内水泵配置及其特性曲线,参与仿真计算。

2)仿真计算主要结果

(1)水厂和泵站供水。经仿真计算,在典型最大日供水条件下,市南供水区的长桥水厂供水量为 130.1 万 m³,南市水厂供水量为 61 万 m³,徐泾水厂供水量为 19.1 万 m³。虹桥泵站增压水量为 9.6 万 m³,相应陇西泵站增压水量为 11.6 万 m³。星站泵站增压水量为 3.5 万 m³。由上述内容可知,现有和规划水厂规模均可满足计算水量要求。各相关主要泵站计算水量均与初拟能力基本一致。现有华翔泵站增压能力与计算水量基本持平,可满足安全运行要求。

(2)供水区服务压力。通过仿真计算,市南供水区除边缘局部地区的个别节点,如华翔泵站进水附近节点,服务压力偏低外,总体而言,市南传统供水区和华青地区最高时服务水压均能满足 0.16MPa 的要求。仿真结果显示,由于利用星站泵站增压供水,其增压能力控制在合理界定范围内,使现有进水条件得以改善,进水管道沿线节点服务水压有所提高,基本满足要求。由于设置陇西及虹桥泵站,航华地区供水服务压力较现状供水压力有一定程度的改善,部分时段最低在 0.15MPa左右。

（3）陇西泵站和虹桥泵站进水压力。由于陇西泵站位于长桥水厂出厂主管邻近,距水厂较近,输水水头损失较小,经计算,泵站进水压力较高,根据进水压力变化曲线,泵站进水压力基本在 0.18MPa 以上。虹桥泵站接纳陇西泵站增压来水,经计算,泵站进水压力在 0.10MPa 以上。进水管沿线节点服务压力存在低于 0.16MPa 的现象。根据计算曲线分析,虹桥泵站的典型最大日进水压力可满足泵站运行要求。

7.4.5　工程费用初步匡算

根据以上各方案的工程内容和组成,不包括征借地等,按主要工程量对方案的工程总费用进行初步匡算。结果如下:

调整方案一工程总投资约 8372 万元;调整方案二工程总投资约 8129 万元;调整方案三工程总投资约 17446 万元。各方案工程总费用为初步匡算,仅做方案比较参考。

根据以上工程费用初步匡算结果可知:

（1）调整方案二利用现有星站泵站,工程总投资最省;调整方案一将虹桥泵站、七宝泵站和星站泵站功能合并于集约七宝泵站,泵站工程量较大,工程总费用略高于方案一,其差值为 243 万元。

（2）调整方案三由于需建设陇西中途增压泵站,配套管线工程量较大,为此,工程总费用最大,较方案一和方案二分别高出 9074 万元和 9317 万元。

7.5　各阶段供水方案模拟验证

各阶段供水方案模拟验证计算以各公司现有的管网模型为基础,对管网模型进行校核验证后,利用各供水区域各阶段预测最高日需水量进行管网节点流量分配,并结合规划、计划各阶段能够完成的水厂、泵站和管线工程,分别建立各供水区域相应阶段的管网计算模型,完成各阶段的供水方案模拟验证计算。

7.5.1　2012 年供水方案及模拟验证

1. 市北供水区域

1）供水方案主要边界条件

市北公司 2012 年最高日最高时计算机模拟计算边界条件为:市北向江桥馈水 2153m³/h,向浦东馈水 4119m³/h,接受市南馈水 2985m³/h。

2）模拟验证计算结果

经验证计算,2012 年市北公司下属 5 个水厂最高日最高时出厂水总流量

128015m³/h,其中杨树浦水厂 55252m³/h、闸北水厂 12894m³/h、吴淞水厂 6486m³/h、月浦水厂 17152m³/h、泰和水厂 36231m³/h,相当于约 307 万 m³/d;出厂水压力闸北水厂最低为 24.1m,月浦水厂最高为 30.6m。

根据管网模拟计算结果可知,在总计 71 个测压点中,压力小于 16m 的共计 4 个点,最低压力为 14m;压力为 16～18m、18～20m、20～22m、22～24m、24～26m 和大于 26m 的测压点分别为 16 个、15 个、5 个、7 个、11 个和 13 个。从以上计算结果来看,2012 年在上述运行工况基本能够保障最高日供水需求。

2. 市南供水区域

1)供水方案主要边界条件

市南公司供水区 2012 年供水方案验证计算是在 2011 年高峰模型基础上,将水量边界条件做适当调整后形成的 2012 年模型上完成的。

计算模型具体调整内容包括:整个模型用水量为 196 万 m³/d(扣除馈水量 15 万 m³/d,市南区域实际需水量为 181 万 m³/d),三镇用水量为 28 万 m³/d(已算上可能增加的水量),南杨管向浦东馈水 9 万 m³/d,中山北路向市北馈水 6 万 m³/d。

2)模拟验证计算结果

经计算,市南 2012 年最高日出水量长桥水厂 1273919m³、南市水厂 621669m³、徐泾水厂 71064m³。

从水厂供水区分界来看,长桥水厂与南市水厂供水分界大致为胶州路—富民路—陕西南路。华腾路—白石公路—联友路—北翟路—华翔路—沪青平公路—环东一路为长桥水厂与徐泾水厂供水交界地区。

管网压力方面计算结果为:除青东三镇的华新、华漕北部地区存在水压低于 15m,水压略有偏低的情况外,其他地区基本能够满足供水的需求。

3. 闵行供水区域

1)供水方案主要边界条件

闵行公司供水区域 2012 年模拟验证最大日最大时模型是在 2011 年高峰模型的基础上将预计 2012 年发生水量按地域分配至相应节点上建立的。

主要边界条件参数如下。

(1)最大日总用水量:80.55 万 m³。

(2)时变化系数:1.25。

(3)水源情况:源江水厂、二水厂共 90 万 m³/d 供水能力。

(4)泵站情况:中春泵站、颛桥泵站、吴泾泵站(完成扩容)、东川泵站、新桥泵站。

(5)管线情况:新增放鹤路 DN800 管线、莲花南路 DN500 管线,闵行地区与松北三镇的联络管全开。

2)模拟验证计算结果

闵行一水厂＋源江水厂最大时出水量 37240m³,出水压力 30.77m。

由管网压力计算结果分析得出,闵行公司供水区域七宝地区最不利点压力为 21.46m;松北三镇泗泾地区最不利点压力为 19.07m。

由以上计算结果可知,2012 年闵行公司供水区域最高日基本满足供水需求。

7.5.2　2013 年供水方案及模拟验证

1. 市北供水区域

1)供水方案主要边界条件

(1)新排管线。2013 年完成新排宝安公路 DN800/700 管线(蕴川路—沪太路)。

(2)水厂、泵站机泵配置。2013 年最高日管网模型验证计算水厂配泵情况参见表 7-9,泵站运行水库开启情况参见表 7-10。

表 7-9　2013 年最高日管网模型验证计算水厂配泵情况

水厂名称	时间	运行机泵
杨厂	0:00~5:00	14、16、23、25、28
	5:00~6:00	14、16、22、23、25、28
	6:00~7:00	14、16、17、22、23、25、28
	7:00~11:00	3、16、17、22、23、25、28
	11:00~13:00	14、16、17、22、23、25、28
	13:00~16:00	14、17、22、23、25、28
	16:00~22:00	16、17、22、23、25、28
	22:00~24:00	17、22、23、25、28
闸北	0:00~24:00	1、7
吴淞	0:00~24:00	3、4
月浦	0:00~2:00	3、4
	2:00~6:00	4、5
	6:00~21:00	1、4
	21:00~24:00	3、4
泰和	0:00~5:00	290kPa 控制
	5:00~24:00	320kPa 控制

表 7-10　　2013 年最高日管网验证计算泵站水库开启情况

泵站名称	水库运行时间
恒丰	7:30～10:00、16:00～20:00
广中	8:00～10:00、19:00～23:00
真南	7:30～10:30、17:30～20:30、22:00～23:30
杨浦	7:30～11:30、17:00～21:30
沪太	7:40～10:00、16:00～17:00、21:00～23:30
中北	8:00～10:00、18:00～23:00
宝安	16:00～23:30
真北	7:00～11:00、16:00～23:00
泗塘	19:00～24:00
松花江	9:00～11:00、18:00～22:30
富锦	7:30～10:30
彭浦	8:00～10:00、20:00～23:50

（3）馈水量设定。杨居管,仿照 2011 年最高日实际流量,馈水量设为 9.6 万 m³/d;中山北路桥,仿照 2011 年最高日实际流量,馈水量设为 6.3 万 m³/d;南翔,仿照 2011 年最高日实际流量,馈水量设为 3 万 m³/d;江桥,在 2011 年最高日运行流量 5.41 万 m³/d 基础上,增加其夜间水库进水时间,总量增加 6000m³/d,馈水量设为 6 万 m³/d;市台路,仿照 2011 年最高日实际流量,馈水量设为 1.55 万 m³/d。

2）模拟验证计算结果

根据计算结果,市北供水区域 2013 年最高日水厂总供水量 2704342m³/d,另向浦东馈水 89460m³/d,由市南馈入 62750m³/d。最高日最大时水厂总供水量 128449m³/h。

在总计 69 个测压点中,压力小于 16m 的共计 10 个点,最低压力为 14m;压力为 16～18m、18～20m、20～22m、22～24m、24～26m 和大于 26m 的测压点分别为 25 个、22 个、5 个、4 个、1 个和 2 个。从以上计算结果来看,相较于 2012 年,管网整体压力水平有所下降,低于 16m 压力点数量增加 8 个,但仍能基本保障最高日供水需求。

2. 市南供水区域

市南供水区域 2013 年根据徐泾水厂扩建工程建成与否,分两种方案进行模拟计算。

1)供水方案主要边界条件

方案 1:徐泾水厂供水 20 万 m³/d 模型边界条件。

(1)徐泾水厂供水量 20 万 m³/d。

(2)南市水厂供水量 61.03 万 m³/d。

(3)长桥水厂供水量 121.57 万 m³/d。

(4)凤溪泵站供水量 5.6 万 m³/d。

(5)华翔泵站供水量 12.2 万 m³/d。

方案 2:徐泾水厂供水 7 万 m³/d 模型边界条件。

(1)徐泾水厂供水量 7 万 m³/d。

(2)长桥水厂供水量 133 万 m³/d。

(3)南市水厂供水量 59.11 万 m³/d。

(4)凤溪泵站供水量 0.20 万 m³/d。

(5)华翔泵站供水量 14.20 万 m³/d。

(6)临空泵站早晚高峰增压泵全开,平时两台增压泵运行。

(7)打开沪青平公路外环路的 DN1000 阀门。

2)模拟验证计算结果

选取市南公司西部青东三镇供水区北、中、南各一个点为管网关键控制点进行计算结果压力对比,三点的位置分别为白石公路新象路、华徐公路北青公路和徐泾水厂出厂处。徐泾水厂供水 20 万 m³/d 与供水 7 万 m³/d 相比,三个控制点压力均略有升高,幅度为 0~4m。

徐泾供水 20 万 m³/d 与供水 7 万 m³/d 相比,市南公司西部地区在早高峰时压力分布中压力 25~30m 和压力 20~25m 区域显著增加,压力 15~20m 区域则明显减少,说明管网供水压力普遍提升。在传统供水区也存在相似的情况。晚高峰的压力分布计算结果和早高峰相似。

从以上模拟验证计算结果比较可知,虽然徐泾供水 20 万 m³/d 和供水 7 万 m³/d 的情况下,都能基本满足市南公司 2013 年最高日需水量 194.5 万 m³/d 的需求,但是在徐泾供水 20 万 m³/d 的方案下,全管网压力水平提高,对供水保障更加有利。

3. 闵行供水区域

2013 年闵行公司最大日需水量预测结果为 84.16 万 m³/d。2013 年最大日最大时计算模型是在 2012 年高峰模型的基础上,将 2013 年预测新增水量按地域分配至相应节点上建立的。

1)供水方案主要边界条件

模型计算主要边界条件参数如下。

(1)最大日总用水量:84.16 万 m³/d。

（2）时变化系数：1.25。

（3）水源情况：源江水厂、二水厂共 90 万 m^3/d 供水能力。

（4）泵站情况：中春泵站、颛桥泵站、吴泾泵站（完成扩容）、东川泵站、新桥泵站、九亭泵站（完成改造）。

（5）管线情况：按规划实施。

2）模拟验证计算结果

闵行一水厂＋源江水厂最大时出水量 $37811m^3$，出水压力 30.77m。

根据闵行自来水公司 2013 年最高日最高时管网压力分布模拟计算结果，得出管网最不利点压力如下：

（1）七宝地区最不利点压力：22.02m。

（2）泗泾地区最不利点压力：21.04m。

从以上闵行 2013 年最高日最高时管网模拟验证计算结果可知，闵行公司 2013 年供水基本能够满足最大日用水需求。

7.5.3　2015 年供水方案及模拟验证

1. 市北供水区域

市北供水区域 2015 年模拟验证根据泰和水厂 20 万 m^3/d 扩建系统建成与否分别计算了两个供水方案。

1）供水方案主要边界条件

方案一：泰和未建成新增 20 万 m^3/d 系统扩建工程的供水方案。

（1）新排管线。罗泾水厂出厂新川沙路 DN1200、DN800，富联路（月浦水厂—宝安公路）DN500，宝安公路（蕴川路—沪太路）DN800/700，富长路（泰和西路—场中路）DN800，天潼路（大名路—共和新路）DN1000。

（2）新建供水设施。罗泾水厂 10 万 m^3/d 建成通水，罗泾水厂配备机泵仿照吴淞水厂 23♯泵，额定流量按 $3168m^3/h$ 设定。

（3）水厂配车设定（表 7-11）。

表 7-11　方案一水厂配车设定

水厂名称	时间	运行机泵
杨厂	0:00～5:00	14、16、23、25、28
	5:00～6:00	16、22、23、25、28
	6:00～6:30	16、17、22、23、25、28
	6:30～13:00	3、16、17、22、23、25、28
	13:00～16:00	16、17、22、23、25、28

续表

水厂名称	时间	运行机泵
杨厂	16:00~22:00	3、16、17、22、23、25、28
	22:00~24:00	16、17、22、23、25、28
闸北	0:00~6:00	1、7
	6:00~20:00	7、8
	20:00~24:00	1、7
吴淞	0:00~24:00	2、3
月浦	0:00~2:00	3、4
	2:00~5:00	4、5
	5:00~8:00	1、4
	8:00~13:00	1、4、5
	13:00~24:00	1、4
泰和	0:00~5:00	290kPa 控制
	5:00~24:00	320kPa 控制
罗泾	0:00~24:00	仿吴淞3#泵

(4)水库泵站水库运行设定(表7-12)。

表7-12 方案一水库泵站水库运行设定

泵站名称	水库运行时间
恒丰	7:30~10:00、16:00~20:00
广中	8:00~10:00、19:00~23:00
真南	7:30~10:30、17:30~20:30、22:00~23:30
杨浦	7:30~11:30、17:00~21:30
沪太	7:40~10:00、16:00~17:00、21:00~23:30
中北	8:00~10:00、18:00~23:00
宝安	16:00~23:30
真北	7:00~11:00、16:00~23:00
泗塘	19:00~24:00
松花江	9:00~11:00、18:00~22:30
富锦	8:00~11:00
彭浦	8:00~10:00、20:00~23:50

(5)馈水条件设定。杨居管,仿照2011年最高日实际流量,9.6万 m³/d;中山

北路桥,仿照 2011 年最高日实际流量,6.3 万 m³/d;南翔,仿照 2011 年最高日实际流量,3 万 m³/d;江桥,仿照 2011 年最高日实际流量,5.41 万 m³/d;市台路,仿照 2011 年最高日实际流量,1.55 万 m³/d。

方案二:泰和扩建 20 万 m³/d 系统建成的计算方案。

(1)新排管线。在原有 2015 年泰和未增加 20 万 m³/d 系统新增管线基础上,新排如下管线:泰和 DN1500 出厂管(外环线—祁连山路—陈太路),陈太路 DN1000(祁连山路—市台路)。

(2)新建供水设施。罗泾水厂建成 10 万 m³/d,其水泵配置同方案一;泰和水厂扩建 20 万 m³/d,配备变频机泵以流量控制,恒定流量 8000m³/h。

(3)水厂配车设定(表 7-13)。

表 7-13　方案二水厂配车设定

水厂名称	时间	运行机泵
杨厂	0:00~5:00	14、16、23、25、28
	5:00~6:00	16、22、23、25、28
	6:00~6:30	16、17、22、23、25、28
	6:30~13:00	3、16、17、22、23、25、28
	13:00~16:00	16、17、22、23、25、28
	16:00~22:00	3、16、17、22、23、25、28
	22:00~24:00	16、17、22、23、25、28
闸北	0:00~6:00	1、7
	6:00~20:00	7、8
	20:00~24:00	1、7
吴淞	0:00~24:00	2、3
月浦	0:00~2:00	3、4
	2:00~5:00	4、5
	5:00~8:00	1、4
	8:00~13:00	1、4、5
	13:00~24:00	1、4
泰和	0:00~5:00	290kPa 控制
	5:00~24:00	320kPa 控制
罗泾	0:00~24:00	仿吴淞 3# 泵

(4)水库泵站水库运行设定(表7-14)。

表7-14　方案二水库泵站水库运行设定

泵站名称	水库运行时间
恒丰	7:30～10:00、16:00～20:00
广中	8:00～10:00、19:00～23:00
真南	7:30～10:30、17:30～20:30、22:00～23:30
杨浦	7:30～11:30、17:00～21:30
沪太	7:40～10:00、16:00～17:00、21:00～23:30
中北	8:00～10:00、18:00～23:00
宝安	16:00～23:30
真北	7:00～11:00、16:00～23:00
泗塘	19:00～24:00
松花江	9:00～11:00、18:00～22:30
富锦	8:00～11:00
彭浦	8:00～10:00、20:00～23:50

(5)馈水条件设定。杨居管,仿照2011年最高日实际流量,9.6万 m³/d;中山北路桥,仿照2011年最高日实际流量,6.3万 m³/d;南翔,仿照2011年最高日实际流量变化趋势放大至5万 m³/d;江桥,仿照2011年最高日实际流量变化趋势放大至8万 m³/d;市台路,仿照江桥2011年最高日实际流量变化趋势,夜间水库进水,白天增压泵、水库泵交替运行,日馈水量放大至10万 m³/d。

2)模拟验证计算结果

(1)方案一:泰和未建成新增20万 m³/d系统扩建工程。

根据计算结果,方案一市北供水区域2015年最高日水厂总供水量2826774m³/d,另向浦东馈水89460m³/d,由市南馈入68184m³/d。最高日最大时水厂总供水量134519m³/h。

管网压力模拟计算结果可知,方案一在总计66个测压点中,压力小于16m的共计6个点,最低为"真陈"点,压力为13.1m;压力为16～18m、18～20m、20～22m、22～24m、24～26m和大于26m的测压点分别为17个、16个、19个、4个、3个和1个。从以上计算结果来看,方案一条件下2015年市北供水区域基本能保障最高日供水需求,但最低压力为13.1m偏低。

(2)方案二:泰和建成新增20万 m³/d系统扩建工程。

根据计算结果,方案二市北供水区域2015年最高日水厂总供水量2961906m³/d,另向浦东馈水89460m³/d,由市南馈入68184m³/d。最高日最大时水厂总供水量 140582m³/h。

管网压力模拟计算结果可知,方案二在总计 66 个测压点,压力小于 16m 的共计 1 个点,最低为"真陈"点,压力为 14.8m;压力为 16~18m、18~20m、20~22m、22~24m、24~26m 和大于 26m 的测压点分别为 14 个、13 个、20 个、10 个、4 个和 4 个。从以上计算结果来看,和方案一相比,方案二小于 16m 测压点数量明显减少,整个管网压力明显升高,说明方案二条件能较好地保障 2015 年市北供水区域最高日供水需求。

2. 市南供水区域

市南供水区域 2015 年模拟验证根据 7.4 节所述的供水结构调整方案,共计进行了 3 个方案的计算。3 个模拟计算的边界条件和计算结果参见 7.4 节。根据上述方案的计算结果,认为方案一是市南供水区域 2015 年的最佳供水方案。

3. 闵行供水区域

1)供水方案主要边界条件

(1)最高日总用水量:91.08 万 m³/d。

(2)时变化系数:1.25。

(3)水源情况:源江水厂供水能力 90 万 m³/d。

(4)泵站情况:新桥泵站、中春泵站、颛桥泵站、东川泵站、吴泾泵站及九亭泵站完成改造。

(5)馈水情况:市南由星站泵站馈水 5 万 m³/d,最大时馈水 2500m³/h。

(6)主要输水管线情况:所有管线按规划实施。

2)模拟验证计算结果

2015 年闵行一水厂+源江水厂最大时出水量 37889m³,出水压力 30.77m。

根据闵行自来水公司 2015 年最高日最高时管网压力分布模拟计算结果,得出管网最不利点压力如下:泗泾地区最不利点 20.21m,七宝地区最不利点 23.50m。

以上验证计算结果表明,在模拟验证计算条件(市南公司向闵行馈水 5 万 m³/d)下,能够较好地满足闵行公司 2015 年用水需求。

7.5.4 2020 年供水方案及模拟验证

1. 市北供水区域

1)供水方案主要边界条件

(1)新排管线。潘泾路 DN1000(新川沙路—月罗公路),月罗公路 DN800(潘泾路—沪太路),富锦路 DN800(蕴川路—沪太路),潘泾路 DN500(富锦路—宝安公路),祁连山路 DN1200/1000(锦秋路—真南路)。

(2)新建供水设施。

罗泾水厂扩建 10 万 m³/d 系统投入运行,总能力达到 20 万 m³/d。新增供水能力机泵配置 2 台大泵仿照月浦 26♯机泵曲线,1 台小泵仿照吴淞 25♯机泵。运行一大一小供水量为 5500~6500m³/h,运行两台大车供水量为 7500~8500m³/h。

泰和水厂 20 万 m³/d 扩建工程建成投运,总供水能力达到 100 万 m³/d。新增机泵仿照泰和三车间,以流量控制。

祁连山路增压泵站建成并投入运行,该泵站位于祁连山路近南大路,进水管为新排祁连山路 DN1200,出水管为新排祁连山路 DN1000,配备机泵仿照南大路泵站,设定一台机泵 24h 运行。

(3)水厂配车设定(表 7-15)。

表 7-15　市北供水区域 2020 年最高日水厂机泵配车设定

水厂名称	时间	运行机泵
杨厂	0:00~5:30	16、22、23、25、28
	5:30~6:00	3、16、22、23、25、28
	6:00~6:30	3、16、17、22、23、25、28
	6:30~8:00	3、14、16、17、22、23、25、28
	8:00~11:00	3、14、16、17、22、23、24、25、28
	11:00~14:00	3、14、16、17、22、23、25、28
	14:00~15:30	14、16、17、22、23、25、28
	15:30~22:00	3、14、16、17、22、23、25、28
	22:00~24:00	14、16、17、22、23、25、28
闸北	0:00~6:00	1、7
	6:00~20:00	7、8
	20:00~24:00	1、7
吴淞	0:00~7:00	2、3
	7:00~24:00	3、4
月浦	0:00~2:00	3、4
	2:00~5:00	4、5
	5:00~7:30	1、4
	7:30~13:00	1、4、5
	13:00~17:00	1、4
	17:00~22:00	1、4、5
	22:00~24:00	1、4
泰和	0:00~5:00	290kPa 控制
	5:00~24:00	320kPa 控制

水厂名称	时间	运行机泵
	0:00～6:30	一大一小
罗泾	6:30～22:00	两大
	22:00～24:00	一大一小

(4)水库泵站水库运行设定(表7-16)。

表7-16 市北供水区域2020年最高日水库泵站水库运行设定

泵站名称	水库运行时间
恒丰	7:30～10:00、16:00～20:00
广中	8:00～10:00、19:00～23:00
真南	7:30～10:30、17:30～20:30、22:00～23:30
杨浦	7:30～11:30、17:00～21:30
沪太	7:40～10:00、16:00～17:00、21:00～23:30
中北	8:00～10:00、18:00～23:00
宝安	16:00～23:30
真北	7:00～11:00、16:00～23:00
泗塘	19:00～24:00
松花江	9:00～11:00、18:00～22:30
富锦	8:00～11:00
彭浦	8:00～10:00、20:00～23:50

(5)馈水条件设定。杨居管,仿照2011年最高日实际流量,9.6万 m^3/d;中山北路桥,仿照2011年最高日实际流量,6.3万 m^3/d;南翔,5万 m^3/d,流量变化趋势按2011年最高日实际放大;江桥,11万 m^3/d,仿照2011年最高日实际流量变化,并相应延长其夜间进水时间;市台路,13万 m^3/d,流量变化趋势仿照江桥馈水。

2)模拟验证计算结果

根据计算结果,市北供水区域2020年最高日水厂总供水量为3216767m^3/d,另向浦东馈水89460m^3/d,由市南馈入62750m^3/d。最高日最大时水厂总供水量152926m^3/h。

管网模拟计算结果可知,在总计69个测压点中,压力小于16m的共计5个点,最低压力为13.5m;压力为16～18m、18～20m、20～22m、22～24m、24～26m和大于26m的测压点分别为9个、13个、14个、14个、3个和11个,其中最高压力点压力为30.9m。

从以上模拟计算结果来看,在模拟计算设定的边界条件下,能够保障市北供水区域2020年最高日供水需求。

2. 市南供水区域

1)供水方案主要边界条件

(1)现有模型边界条件。利用以2011年8月9日实测水量为基础的夏季高峰模型,市南传统地区需水量144.2万 m³/d,青浦三镇地区需水量25万 m³/d。通过南杨管向浦东馈水9万 m³/d,通过中山西路向市北馈水6万 m³/d。

(2)对现有模型的修改。在2011年最高日模型的基础上,2020年模型做如下修改:徐泾水厂供水量扩大到20万 m³/d,同时修改徐泾水厂出厂管拓扑;增加吴新边界点向闵行馈水3.5万 m³/d;新增凤溪水库培增压泵站,包括3台增压泵以及2台水库泵,水库容量为15000 m³。凤溪泵站开停泵方案如图7-1所示;修改凤溪泵站周边地区、增压泵及水库泵采用最新特性曲线,更新凤溪泵站周边地区水量;依据2020年水量预测,参照2015年模拟计算方案一中水量进行整体扩大,传统地区水量扩大到165万 m³/d,三镇水量扩大到40.5万 m³/d;在规划站址建设七宝泵站(5台增压泵,3台水库泵)。七宝泵站开停泵方案如图7-2所示;修改七宝泵站周边管线拓扑,七宝泵站出水管一路向东至外环线与DN1200管接通后沿外环线向北(该处外环线DN1200管向南阀门关闭),至沪青平公路后利用沪青平公路DN1200管转向西供水;另一路出水沿吴中路向西,向闵行地区供水。

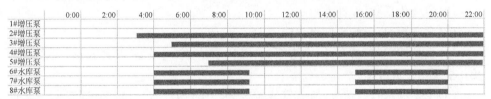

图7-1 凤溪泵站开停泵方案

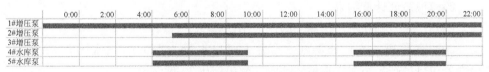

图7-2 七宝泵站开停泵方案

2)模拟验证计算结果

(1)厂站水量计算结果。完成上述修改后,经模拟计算得出长桥水厂出水139.3万 m³/d,南市水厂出水60.3万 m³/d,徐泾水厂出水20万 m³/d。七宝泵站进水13.1万 m³/d,出水13.2万 m³/d。凤溪泵站进水7.3万 m³/d,出水7.2万 m³/d。

(2)管网压力分布计算结果。在此模拟计算方案下,市南公司西部(青东三镇)的北部(华新镇)地区在高峰时段出现部分低压区,管网压力为12~13m。根据这一计算结果,课题组认为此模拟计算方案还不足以保障市南西部地区2020年用水需求,仍需采取措施提高市南西部的北部区域供水保障能力。

3. 闵行供水区域

闵行供水区域2020年供水根据源江水厂分别扩建20万 m³/d(由市南馈水保障需水量)和30万 m³/d(不由市南馈水)两个方案进行了模拟验证计算。

1)供水方案主要边界条件

方案一:源江水厂扩建20万 m³/d方案

(1)最高日总用水量:117万 m³/d。

(2)时变化系数:1.25。

(3)水源情况:源江水厂供水能力110万 m³/d。

(4)泵站情况:新桥泵站、中春泵站、颛桥泵站、东川泵站、泗泾泵站、吴泾泵站及九亭泵站完成改造。

(5)馈水情况:市南由星站泵站7万 m³/d,最大时馈水2800m³/h。

(6)主要输水管线情况:所有管线按规划实施,源江水厂出厂管随二期一起扩建,按规划实施。

方案二:源江水厂扩建30万 m³/d方案

(1)最高日总用水量:117万 m³/d。

(2)时变化系数:1.25。

(3)水源情况:源江水厂供水能力120万 m³/d。

(4)泵站情况:新桥泵站、中春泵站、颛桥泵站、东川泵站、泗泾泵站、吴泾泵站及九亭泵站完成改造。

(5)主要输水管线情况:所有管线按规划实施,源江水厂出厂管同二期一起扩建,按规划实施。

2)模拟验证计算结果

(1)方案一:源江水厂扩建20万 m³/d方案。

2020年闵行一水厂＋源江水厂最大时出水量46455m³,出水压力32.77m。市南公司自星站泵站馈入水量2800m³/h,出站压力29.78m。

经模拟验证计算,方案一闵行供水区域2020年最高最大时九亭地区最不利点压力为19.44m,七宝地区最不利点压力为20.47m。

由以上验证计算结果可知,在方案一供水条件下,基本能够保证闵行供水区域2020年的用水需求。

(2)方案二:源江水厂扩建30万 m³/d方案。

经方案二进行模拟验证计算结果表明,2020年最大日最大时,源江水厂扩建至120万 m³/d,在闵行区域没有新增南北向输水管线,也没有市南馈水的情况下,源江水厂新增水量无法送达七宝地区,七宝地区压力无法保证。

7.5.5　各阶段供水方案模拟验证结果

市南、市北和闵行3家公司2012年供水方案模拟验证结果表明,基本能够满足最高日用水需求。

2013年市北公司能够基本满足供水需求,但供水压力低于16m的测压点较2012年增加明显;市南公司在徐泾水厂扩建工程建成的条件下,能够较好满足供水区域用水需求,如果徐泾水厂扩建不能建成,基本满足供水的同时,西部区域供水压力较低;闵行水厂则能够基本满足2013年的供水需求;

2015年市北公司在罗泾水厂建成的前提下,如果泰和水厂20万 m^3/d 扩建工程不能建成,则市北供水区域低于16m的测压点有6个,低压范围较大,较难保证向嘉定地区馈水;若泰和水厂20万 m^3/d 扩建工程建成,低于16m测压点降为1个,能够较好地保证最高日供水需求;市南公司在建成徐泾改建工程的前提下,以七宝泵站不同建设方案进行了3个方案验证计算,其中方案一为保障供水的较佳方案;闵行公司在市南公司向闵行馈水5万 m^3/d 条件下,能够较好地满足闵行公司2015年用水需求。

2020年市北公司供水区域与2015年相比,虽然仍能基本保障供水需求,但低于16m的测压点由1个增加至6个;市南公司供水区域在徐泾水厂维持20万 m^3/d 条件下,西部(青东三镇)北部(华新镇)地区在高峰时段出现部分低压区,管网压力为12~13m。不足以保障市南西部地区2020年用水需求,仍需采取措施提高市南西部的北部区域的供水保障能力;闵行公司供水区域比较了两个不同供水方案,方案一源江水厂扩建20万 m^3/d 同时自市南公司馈水7万 m^3/d ,方案二为源江水厂扩建30万 m^3/d 且市南公司不馈水。结果表明,方案一不能保证七宝地区用水需求,方案二能够较好地保障闵行供水区域的用水需求。

7.6　水源切换下管网系统安全评估

经济的迅速发展带来城市规模的扩张和供水水源的变更。部分城市由于人口的增加和经济建设的发展,需要新建水厂,废弃水质不好且供水量小的旧水厂。饮用水水源的变更将带来供水水厂的变更,如哈尔滨市的磨盘山水库长距离输水工程在哈尔滨市新建了磨盘山水厂,原有部分小水厂逐渐切换成备用水厂;沈阳市大伙房水库长距离输水工程在沈阳市东西两端各新建一座新水厂,原有地下水源水厂逐渐减量最后改成备用;上海市青草沙原水工程对原有水厂进行升级改造等。水源(水厂)的变更和新旧水源的切换带来新水源在旧管网上的安全配水问题,例如,水源切换会引起管网局部压力的较大变化,可能会导致一些脆弱管道的爆管和原有经验调度方案的失效;水流方向的改变会对管网中的后沉淀物质和管壁生物膜起到冲刷作用,引起浑水和微生物再生长等水质安全问题。

为了保障水源(水厂)变更下城市供水管网系统的供水安全,必须更全面地了解供水管网中的水力和水质工况,管网建模是行之有效的方法。

1. 青草沙原水切换

青草沙原水工程建设前,上海中心城区水源地主要包括黄浦江上游水源地和长江陈行区域水源地,取水量为 778 万 m^3/d。其中,黄浦江上游水源地取水规模为 622 万 m^3/d,占原水供应量的 80%;长江陈行区域水源地取水规模为 156 万 m^3/d,占原水供应量的 20%。总投资 170 亿元的青草沙原水工程建成后,供水能力为 719 万 m^3/d,改写了上海饮用水主要依靠黄浦江水源的历史,也意味着上海的原水供应已经由黄浦江上游原水为主转变为以长江原水为主。青草沙原水工程首次实现将数值仿真分析和物理模型验证交互优化技术应用于大规模城市供水工程的设计;在国内大口径有压输水隧道中首次采用单衬砌隧道结构设计;国内双管同时顶进口径最大、单次顶进距离最长的大口径高压输水管道工程的设计等。

青草沙原水经水库调蓄后,通过大型输水管道及泵站向陆域各水厂输送。其中,向长兴岛供应 11 万 m^3/d,向陆域供应 708 万 m^3/d,包括 YQ 支线 440 万 m^3/d、NH 支线 208 万 m^3/d、LQ 支线 60 万 m^3/d。2010 年 12 月青草沙原水工程通水运行,青草沙原水经过跨越长江的输水管道,经过五号沟泵站,最先到达 JH 水厂,调试后 JH 水厂于 2010 年 12 月 1 日正式并网供水;2011 年 1 月 1 日起,YSP、NS、JJQ、LJZ 水厂通水切换,YS 水厂停役;2011 年 4 月 21 日和 25 日,LJ 水厂和 LQ 水厂相继通水切换;2011 年 6 月 2 日,CQ 水厂完成通水切换。NH 支线北起 JH 泵站,一路向东进入 HN 水厂,另一路朝西进入 HT 水厂,全长 87km,是青草沙原水工程陆域管线中最长的一条支线。NH 支线除了向 HN 水厂、HT 水厂供水外,还向途径的 CS 水厂以及规划新建的 NHB 水厂、NHN 水厂供应青草沙原水。

青草沙原水切换对浦东城区供水管网水力工况的影响是 JH 水厂并网、YS 水厂停役、LJZ 和 JJQ 水厂短期减量对用户水量和水压的影响:①2010 年 12 月 1 日前后,由原 5 个水厂供水变为 LJZ 水厂与 JJQ 水厂减量供水、JH 水厂并网供水;②2011 年 1 月 1 日前后,由 6 个水厂供水变由 5 个水厂供水(YS 水厂停役)。

供水工况的改变带来管网某些管线的水流方向发生改变。由于 YS 水厂停役,其原先的供水区域改由 LJ 水厂供水,部分管道的流向会发生改变,原先 LJ 水厂部分供水区域改由 JH 水厂供水,也会使得部分管道的流向发生改变。这些管道中顺原先水流方向形成的管壁颗粒物、积垢、生物膜、结垢物等由于水流方向突然发生改变而被冲脱下来进入管道水,从而影响的管网水质,带来黄水、颗粒物增多等水质问题。

2. JH 水厂并网

浦东各水厂的现状供水能力为 LQ 水厂 40 万 m^3/d、JJQ 水厂 10 万 m^3/d、LJZ 水厂 10 万 m^3/d、YS 水厂 25 万 m^3/d、LJ 水厂 60 万 m^3/d，再加上连接市北与浦东的 JYG 水厂的 10 万 m^3/d，整个浦东管网的总供水能力可以达到 155 万 m^3/d。

2010 年 12 月 1 日前后，由 LQ、JJQ、LJZ、YS、LJ 5 个水厂正常供水变为 LJZ 与 JJQ 水厂减量供水、JH 并网供水，其间，LQ 水厂 30 万 m^3/d 左右，JJQ 与 LJZ 水厂出水各 5 万 m^3/d 左右，YS 水厂 18 万 m^3/d 左右，LJ 水厂 50 万 m^3/d 左右，JH 水厂 28 万 m^3/d 左右。

2011 年 1 月 1 日前后：由 6 个水厂供水变由 5 个水厂供水（YS 停役）。YS 停役时，LJZ 和 JJQ 水厂恢复供水能力，各为 8 万～10 万 m^3/d，LJ 水厂为 56 万 m^3/d 左右，其余水厂供水变化不大。

由于 JH 水厂服务区域原先主要由 LQ、LJ 水厂供水，处于两水厂供水的压力末端区域，这一带的管网压力一般在 17～20m。当 JH 水厂并网后，预计出口压力在 25～30m，该片区的管网压力较之前有较大提高。随着压力的增加，可能会使管网中薄弱处出现漏水、原先的小漏变成大漏等，使得管网运行的风险加大。为此，通过对 JH 水厂并网前后的压力变化进行模拟，找出压力变化较大的地区，提前做好检漏工作，并对薄弱管道提前修理。

鉴于 JH 水厂与外管网连接节点的实际出水能力，JH 水厂的出水能力以 30 万 m^3/d 计，以及预计的 12 月份的用水量，浦东的用水是可以得到保证的。但考虑到 JH 水厂供水量的提高有个过程，且要根据实际的运行情况来逐步安排，当 JH 水厂还未达到日供应 30 万 m^3/d 以上的水平，且 LJZ、JJQ、JYG 水厂由于水质原因不得不减量供应时，加之咸潮时 LQ 的减量供水，有可能出现用水量缺口的风险。所以，建议乡镇水厂的切换待 JH 稳定投产后再进行，以免出现水量缺口风险。

因为该并网工程并无太多现成经验可借鉴，且有压力、水质、水量问题发生的可能性存在，所以需要各部门尽量多地总结以往的类似经验，多做相关预案，以备不时之需。对于切换的过程，依靠事前准备、过程控制、预案准备来确保在此过程中无大事件出现。同时，对于水源切换后一段可能出现的水质问题也应引起重视。水质中心应加强对新水源出厂水水质的关注以达到预警的作用，管网保障应从切换日延伸至切换后，全过程关注，确保切换时和切换后都无大事件出现。

3. 管网水力模型建立及精度评估

以供水管网的现场实测数据为基础，建立供水管网现状模型，利用该模型对水源切换引起的水厂出口流量和压力的变化进行多时段计算和多工况分析，用以指导制定相应的供水保障方案,提供科学合理的分析依据。

建立浦东管网水力模型的目的是通过模拟现状供水、JH 水厂并网供水第一阶段(JH 水厂并网、LJZ、JJQ 水厂未减产时)、JH 水厂并网供水第二阶段(JH 水厂已并网、LJZ、JJQ 水厂减产时)、YS 水厂停役四个工况,对比 JH 水厂并网各阶段前后以及 YS 水厂停役前后的管道流向变化,找出流向发生变化明显的管道;同时,结合 GIS 中阀门、落水阀、消防栓位置、敏感用户等信息,列出需要进行巡检的重要管道,以及需要重点关注的用户等。具体工作包括以下内容:

(1)模拟 12 月 1 日前,JH 水厂还未通水时的管网水流方向现状。其中用水量按照 140 万 m^3/d 计,水厂出水量、出水压力以历史上 140 万 m^3/d 的出水数据做参考,水量分布考虑到乡镇水厂的切换,管线拓扑关系更新到 12 月 1 日时的连接关系。

(2)模拟 12 月 1 日 JH 水厂并网第一阶段供水时的管网水流方向。其中 JH 水厂供水量分步到位,模型也分别模拟 JH 水厂并网前 48h 供水 10 万 m^3/d、并网第三天开始供水 20 万 m^3/d 及以上时的管网水流方向,同时 LJZ、JJQ 水厂正常供水。

(3)模拟 JH 水厂正常供水,LJZ、JJQ 水厂减量供水时的管段流向变化,以及开泵方案对 LJZ 片区管网压力的影响。

(4)模拟 2011 年 1 月 1 日 YS 水厂停役、LJZ 水厂与 JJQ 水厂恢复正常供水、JH 水厂正常供水时的水流方向变化。

(5)以时间顺序,分别比较 12 月 1 日前后、JH 水厂逐步扩大供水前后、JH 稳定供水的同时 LJZ、JJQ 水厂减量供水、YS 水厂停役前后各工况下的水流方向变化,找出水流方向发生变化的管道,以表格和 CAD 图的形式罗列标注。

(6)根据 GIS 资料,找出管道上的消防栓、落水、主要阀门等位置,以及所连接的用户位置、名称、性质、是否是敏感用户、是否有水池等信息,并标注水流方向。将这些信息提供给各办事处作为巡检的依据,同时将这些信息打印成图,编辑成册,作为现场操作手册。

水力模型包括水厂泵站、管网、增压泵站以及最终用户等基础元件。浦东管网总长度 3973km(DN75 及以上管线),服务面积 670km^2。采用 Epanet 作为建模软件,建立管径为 DN300 及以上管段的水力模型,包含 13100 个节点、14699 根管段、5 个水厂(LQ、JJQ、LJZ、YS、LJ)、8 个加压泵站。

有 26 个管网监测点用于监测管网的压力和浊度,有 6 个流量监测点监测管道流量变化,有 7 个在线测压点丰富现场压力数据,还有 2 个在线水质点丰富了现场浊度数据,及时监测并网过程由流向改变或较大流速变化导致管道底部沉淀物泛起引起的水质问题,这些数据经由现场实时传到至指挥部。

自 2002 年开始,浦东管网的水力模型经过 8 年的建设,模型精度不断提高,已经广泛用于规划,调度,节能,分区等各个领域,并针对世博会需求,通过拓扑结构更新、节点流量分配调整、管段流量校核等措施进一步提高了模拟精度。

节点需水量分配是建立管网水力模型的重要环节,浦东管网中总水表数为1091425 只,其中龙头表 989389 只、地下表 102036 只,大部分地下表都通过 GPS精确定位,为节点流量空间上的分配提供良好的数据支持。无收入水量通过分区估算后进行分配,整个浦东管网分为八大区,每大区又分为若干小区域,对部分区域的无收入水量进行测试统计,使无收入水量的分配更加符合实际。根据不同用水类型对大用户进行分类,大用户的用水模式通过部分智能远传水表采集,使水量分配在时间上的分布更合理。此外,对浦东各水厂二泵站以及管网中加压泵站的水泵特性曲线陆续开展了实测工作,获得了符合实际的水泵运行曲线,为出厂水量和压力的校核提供了便利。

根据 SCADA 系统提供的 55 个压力监测点和 429 个流量监测点运行数据,对水力模型的模拟计算结果进行实测数据的校核。部分流量和压力监测点的模拟和实际值的对比结果如图 7-3～图 7-6 所示。其中曲线为模拟值,散点为每 10min 或每 15min 记录一次的实测值。从模型校核结果来看,55 个压力监测点模拟和实测数据差值大都在 2m 以内,模型精度能够达到水源切换下管网模拟的要求。

以上是确定性模型的精度评估,若采用随机抽样模拟方法来评估模型精度,则由于整个区域的模型规模大,随机抽样的计算量太大,需选择局部模型进行精度评估。局部区域选择的标准如下:该区域管网在大模型之中,管网资料准确、齐全;该区域管网中压力和流量监测点较多,用水量分配准确。

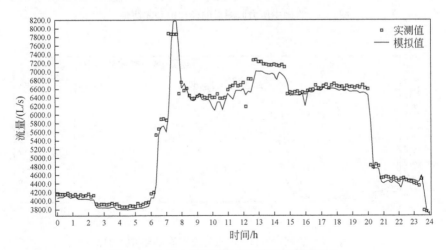

图 7-3　水厂出厂流量的模拟值和实测值对比

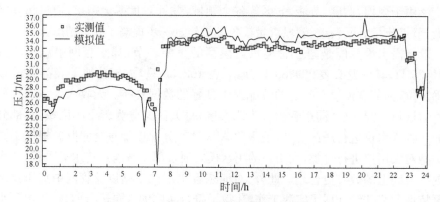

图 7-4　水厂出厂压力的模拟值和实测值对比

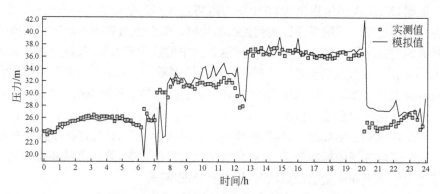

图 7-5　管网中压力监测点的模拟值和实测值对比

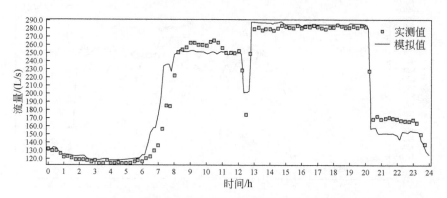

图 7-6　管网中流量监测点的模拟值和实测值对比

　　根据以上标准,选择世博园区浦东片区作为典型案例,进行基于随机抽样模拟的精度评估。在面积只有 4km² 左右的园区内设置 5 个在线水质监测点(带压力和流量)、19 套在线流量仪(带压力)、118 只远传水表(带压力),并将水力水质数据接入 SCADA 系统,实现水力水质数据的在线采集及 Web 浏览,实时监测园区供水水力水质状况。

虽然园区的在线监测点非常多,所有用户的用水量都以远传水表定期采用无线传输方式发回调度中心,从一定程度上保证了模型的精度,但还是存在诸多不确定性。例如,由于仪器精度的原因,在线流量仪和远传水表监测数据存在一定的不确定性;此外,管道和阀门摩阻系数的不确定性,以及节点高程的不确定性,对管段流量和节点压力模拟结果都会产生一些影响。

采用随机抽样模拟方法对监测点模拟结果进行评估,24h 模拟结果区间与实测点的数据比较如图 7-7 所示。可以看出,监测点实测数据 100% 全部落在模拟结果的置信区间内,证明了模型的高精度。

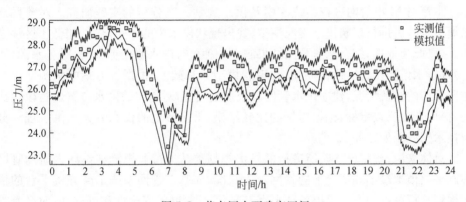

图 7-7　节点压力不确定区间

第8章 管网模型在中型城市供水规划中的应用

管网水力模型是市政工程规划设计和运行管理的有效工具,已经被水务公司、咨询企业和政府部门广泛使用,证明了其可靠性。校核后的供水管网系统水力模型可以进行广泛的应用,建模软件平台上的水力、水质模型就是管网系统工况分析平台,是管网数字化管理的科学工具。在这个软件平台上,可以进行管道负荷、水压满足区、供水分界线、供水路径、水龄分布、余氯分布、三氯甲烷分布和水流方向等多工况分析并在管网图上显示分析结果。

本章对 M 市管网进行系统建模及供水规划方案分析的实践研究。对管网现状模型校核后进行现状供水工况模拟,找出现状供水中的不足之处,如低压区和高压区,以此为依据,结合水量预测结果制定几种可行的水源变更方案,对各水源(水厂)进行水量和位置的优化调配;在现状模型的基础上,根据各方案中水源变更和主要管道的改造情况,建立供水管网系统规划模型,对制定的供水方案进行模拟比较,提出几个比较指标,根据指标的比较结果,得出较优的供水方案。供水规划分析技术路线图如图 8-1。

总体来说,规划设计院所进行的供水规划是基于行业规范和设计手册的管网静态平差模拟最不利情况下的管网水力状况,而基于管网系统工况分析平台的供水规划分析可以动态地模拟各种水力工况,评估管网的安全性和可靠性,对已有方案进行验证、调整。供水规划分析的重大意义在于能够在设计阶段就将可能存在的问题解决掉,这是最有效、最经济的方法。一旦管网敷设好并投入运营,存在的问题就只能后天弥补了,且不说能不能弥补、好不好弥补、弥补后效果如何,单从经济性上考虑就已经造成浪费。所以,在规划设计阶段就应用模型对管网进行科学的评估和系统优化,通过多方案、多工况的模拟对比,制定高质量的方案和设计,这也是降低管网运营成本、提高管网供水安全性最有效、最经济的途径。

M 市是 20 世纪 50 年代后期崛起的新兴工业城市,辖三区一县。2005 年,规划范围内人口 78 万人,城区面积 84.5km²,DN100 以上管道 420km。为了实施开发开放战略,大力发展经济,市政府决定强化供水基础设施建设,改善投资环境,加强生态环境保护,实现人口、资源、环境与经济的协调发展。供水规划的目标是使整个 M 市形成一套完整、经济合理、安全可靠、符合标准的供水系统;从根本上解决城区供水管网布置不合理、管网设施严重老化、管网漏损率高及新区存在用水空白点等问题;从实际出发,统筹规划,为 M 市建设飞跃发展提供一套完善的智能化供水设施。

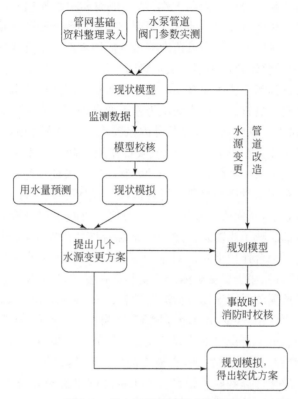

图 8-1　供水规划分析技术路线图

　　本章在校核后模型精度满足要求的基础上,建立了供水管网工况分析数字化平台。通过供水管网工况分析数字化平台可对各水源的不同供水量工况进行计算,分别给出各种工况下供水管网系统中关键阀门开启度、管段负荷图、自由水压等值线图、各水源供水区域分布图,在供水管网工况分析数字化平台的基础上,对 M 市安全供水规划项目进行多时段、多工况和多方案的模拟分析,通过方案比较得出较优的方案。

8.1　中长期需水量预测

　　城市中长期供水规划面临很多不确定因素,包括未来城市人口的不确定性,人均用水量的变化,环境标准、饮用水卫生标准和用水法律法规的变化;另外,全球气候变化对水资源的影响也是中长期供水规划面临的重要不确定因素,可能引起城市供水水源的变更,从而导致供水管网系统中水源(水厂)的变更,使城市的整个供水形势发生变化。

　　城市需水量预测一般可分为两大类:短期预测和中长期预测。短期预测主要用于供水管网的优化运行与水泵的优化调度。中长期预测则是根据城市年用水量记录结合城市经济发展及人口增长速度等多方面因素对未来几年城市需水量做出预测,主要为城市的整体建设规划和供水管网系统优化改扩建研究提供依据。

　　传统的需水量预测方法主要有回归预测分析法和时间序列分析法。回归预测分析法也称解释性预测方法。该方法认为输入变量的变化将引起系统输出变量的变化,即系统的输入与输出之间存在某种因果关系。在输入量中,一般需要考虑气象、人口增长、工商业分布及居民活动、节假日作用等影响因素。当用于中长期需水量预测时常采用下面一种综合性方法:回归-马尔可夫链预测模型。它是用一元线性回归分析法对用水量序列趋势进行分析,用马尔可夫链对序列"滤波",排除或削弱随机因素的影响,从而确定序列未来状态值。时间序列分析法认为时间序列中的每一个资料都反映了当时众多影响因素综合作用的结果,整个时间序列则反映了外部影响因素综合作用下预测对象的变化过程,假设预测对象的变化仅与时间有关,预测过程只依赖于历史观测资料及其资料模式,从而使预测研究更为直接和简捷。需水量预测的时间序列分析法通常有:①自回归(auto-regressive,AR)预测法;②滑动平均(moving average,MA)预测法;③自回归滑动平均(auto-regressive moving average,ARMA)预测法;④指数平滑预测法;⑤增长曲线法等。

　　近年来,随着神经网络的发展,它被广泛应用于模式分类、特征抽取等方面。反馈式网络用于优化计算和联想记忆。人工神经网络预测方法在多样本、历史数据较多的情况下可达到较高精度的预测。

　　我国城市中长期用水量序列存在两种基本情形:一是用水量序列记录时间较长、历史数据较多;二是用水量序列记录时间较短、历史数据较少。由于社会发展等多方面的原因,两类用水量序列在数据模式、变化趋势诸方面都存在较大不同。就目前我国城市用水量序列的特点而言,更多的是属于记录时间较短、历史数据较少的一类。这类用水量序列可应用灰色系统预测方法对其进行分析。与神经网络预测方法相比,它具有计算量小,在少样本情况下也可达到较高精度的优点。

8.1.1　灰色预测方法简介

　　灰色系统(grey system)是指信息不完全、不确定的系统,灰色问题(grey problem)是指结构、特征、参数等信息不完备的问题。灰色预测是指对本征性灰色系统,根据过去及现在已知的或未确知的信息建立一个从过去延伸到将来的灰色模型(grey model,GM),从而确定系统在未来发展变化的趋势。灰色预测不追求个别因素的作用效果,试图通过对原始数据的处理削弱随机因素的影响来寻找其内在规律。由原始序列经累加处理生成序列后,可用指数关系式拟合,通过构造数据矩阵建立 n 阶微分方程模型。一阶线性动态模型 GM(1,1)对应的微分方程为

$$\frac{\mathrm{d}x^{(1)}}{\mathrm{d}t} + ax^{(1)} = u \tag{8-1}$$

式中，$x^{(1)}$ 为原始序列的累加生成序列；a,u 为参数向量。

设 $\hat{a} = \begin{bmatrix} a \\ u \end{bmatrix}$，则由最小二乘法原理可得

$$\hat{a} = (B^{\mathrm{T}}B)^{-1}B^{\mathrm{T}}Y_N \tag{8-2}$$

式中，$B = \begin{bmatrix} -1/2(x^{(1)}(1)+x^{(1)}(2)) & 1 \\ -1/2(x^{(1)}(1)+x^{(1)}(2)) & 1 \\ \vdots & \vdots \\ -1/2(x^{(1)}(1)+x^{(1)}(2)) & 1 \end{bmatrix}$；$Y_N = (x^{(0)}(2),\cdots,x^{(0)}(N))^{\mathrm{T}}$。

则 GM(1,1) 模型的时间响应函数模型为

$$\hat{x}^{(1)}(k+1) = \left(x^{(0)}(1) - \frac{u}{a}\right)e^{-ak} + \frac{u}{a} \tag{8-3}$$

$$\hat{x}^{(0)}(k+1) = \hat{x}^{(1)}(k+1) - \hat{x}^{(1)}(k) \tag{8-4}$$

8.1.2　需水量预测模型建立与求解

将已有用水量序列数据表示为

$$\mathrm{yssl} = \{\mathrm{yssl}(1),\mathrm{yssl}(2),\cdots,\mathrm{yssl}(n)\} \tag{8-5}$$

对 yssl 进行一次累加处理，生成一阶灰色模块：

$$\mathrm{sl} = \{\mathrm{sl}(1),\mathrm{sl}(2),\cdots,\mathrm{sl}(n)\} \tag{8-6}$$

式中，

$$\mathrm{sl}(k) = \sum_{m=1}^{k} \mathrm{yssl}(m) \tag{8-7}$$

并生成解微分方程的参数矩阵 y：

$$y = \{\mathrm{yssl}(2),\mathrm{yssl}(3),\cdots,\mathrm{yssl}(n)\} \tag{8-8}$$

计算解微分方程的另外一个参数矩阵 b：

$$b = \begin{bmatrix} -0.5(\mathrm{sl}(1)+\mathrm{sl}(2)) & 1 \\ -0.5(\mathrm{sl}(1)+\mathrm{sl}(2)) & 1 \\ \vdots & \vdots \\ -0.5(\mathrm{sl}(n-1)+\mathrm{sl}(n)) & 1 \end{bmatrix} \tag{8-9}$$

确定辨识参数：

$$a = (b^{\mathrm{T}} \times b)^{-1} \times b^{\mathrm{T}} \times y \tag{8-10}$$

建立灰色模型的微分方程：

$$\frac{\mathrm{dsl}}{\mathrm{d}t} + a(1,1) \times \mathrm{sl} = a(2,1) \tag{8-11}$$

求出灰色模型的时间响应函数，生成累减矩阵：

$$q(k+1) = \left[\text{yssl}(1) - \frac{a(2,1)}{a(1,1)}\right] \times e^{-a(1,1)\times k} + \frac{a(2,1)}{a(1,1)} \qquad (8\text{-}12)$$

进行一次累减运算即得用水量序列的预测值：

$$\text{ycsl}(k+1) = q(k+1) - q(k) \qquad (8\text{-}13)$$

8.1.3　预测结果与精度分析

对各种事物和系统进行预测时，无论采用何种方法、建立何种预测模型，都涉及预测精度的问题。很多学者认为，预测精度若大于或等于 85%，则认为预测是成功的。

预测值精度一般用平均绝对百分比误差 MAPE 表示，若 MAPE 的值小于 10，则认为是高精度的预测，其计算公式为

$$\text{MAPE} = \frac{1}{n}\sum_{i=1}^{n}|P_i| \qquad (8\text{-}14)$$

式中，n 为样本数据个数；P_i 为相对百分比误差，%。

应用灰色模型，对 M 市 1983~1997 年年用水量数据利用 MATLAB 进行编程计算，进行 1998~2005 年的需水量预测，预测结果与 1998~2005 年的真实用水量记录进行比较，用水量模拟预测结果误差分析如表 8-1 所示。

表 8-1　需水量模拟预测误差表

年份	实际用水量/(万 m³)	预测需水量/(万 m³)	相对百分比误差/%
1983	3951	—	—
1984	3996	—	—
1985	4423	—	—
1986	4661	—	—
1987	4978	—	—
1988	5523.4	—	—
1989	5593.74	—	—
1990	5837.86	—	—
1991	5986.35	—	—
1992	6606.22	—	—
1993	7157.91	—	—
1994	7617.74	—	—
1995	7411.42	—	—
1996	7111.71	—	—
1997	7112.82	—	—

续表

年份	实际用水量/(万 m³)	预测需水量/(万 m³)	相对百分比误差/%
1998	7342.22	7076.661	3.617
1999	7303.14	7252.004	0.700
2000	7655.47	7431.691	2.923
2001	7408.81	7615.831	2.794
2002	7483.20	7804.534	4.294
2003	7531.55	7997.912	6.192
2004	7830.03	8196.082	4.675
2005	7760.50	8399.161	8.230

经过计算可得模拟预测的 MAPE 为 4.18，属于高精度的预测，可以满足规划期内需水量预测的要求。根据 1983~2005 年实际年用水量数据，采用灰色模型对 M 市 2020 年规划期内需水量进行预测，以便对规划期内城市的水资源进行合理利用与配置，预测结果见表 8-2。

表 8-2　灰色预测模型规划期内需水量预测结果

年份	年用水量/(万 m³)	平均日用水量/(万 m³)	最高日用水量/(万 m³)
2008	9039.094	24.764	29.718
2009	9263.061	25.378	30.454
2010	9492.578	26.007	31.208
2011	9727.782	26.651	31.982
2012	9968.814	27.311	32.774
2013	10215.82	27.988	33.586
2014	10468.94	28.682	34.418
2015	10728.34	29.392	35.271
2016	10994.16	30.120	36.145
2017	11266.57	30.867	37.041
2018	11545.73	31.632	37.959
2019	11831.81	32.415	38.899
2020	12124.97	33.219	39.863

8.2　规划模拟及方案比较

根据以上供水规划要求,运用第 2 章所述的建模方法,对全市管径 DN200 及以上的管网进行水力建模,采用 WNW 软件包建立 M 市供水管网系统工况分析平台。现状模型包括 901 个节点,1037 根管段,3 个水厂,13 台水泵,规划模型建立在现状模型的基础上。

M 市原有水厂 3 座,供水能力见表 8-3。由于 A 水厂建设年代久远,絮凝沉淀池和滤池等部分制水设施严重老化,影响供水水质,供水安全性已经大大降低,考虑到水量较小,准备逐步淘汰;B 水厂最大设计容量为 20 万 m^3/d,但年久失修,通过升级改造,供水量可达到 18 万 m^3/d;C 水厂有两组制水工艺,每组 10 万 m^3/d。2020 年启动新建 D 水厂。

表 8-3　各水厂供水能力统计表

水厂	设计能力/(m^3/d)	现阶段供水量/(m^3/d)	建设年份
A	65000	30000	1959
B	200000	130000	1974
C	200000	90000	2005

由于规划期内水源发生变更,考虑可能出现的水源变更方案,并通过几个指标评价各方案的优劣,在 2015 年各规划方案的基础上,综合考虑 2015 年各方案对 2020 年供水的影响,对比得出较优的一个方案。

8.2.1　方案评价指标

1. 节点水头统计表

按节点水头进行分组,要求节点自由水头满足供水到 6 楼所需的压力,根据水头 H 与楼层 n 的关系式 $H=12+4(n-2)$,即 28m 的水头,不满足的节点越少越好;同时应使管网压力均衡,压力越大,漏失量也越大,所以节点水头 28~40m 所占的比例越高越好。

2. 管道负荷统计表

将当前管网中每个管段内的管段流速与相同管径的经济流速相比较,判断其是否在此范围内,管段流速小于下限流速时定义为低负荷、大于上限流速时定义为高负荷,见表 8-4。分别统计各管径各种负荷的比例,然后进行汇总。从模拟结果来看,大部分管道处于低负荷状态,小部分处于经济负荷,极少数管道超负荷。超负荷的管道应该进行改造,一般改成比原管径大一号的管径,如 DN500 的改成DN600、DN1000 的改成 DN1200。改造后再模拟计算一次,看是否还超负荷。

表 8-4　管道负荷分级评价表　　　　　　　(单位:m/s)

管径	低负荷(流速)	经济负荷(流速)	高负荷(流速)
DN200	<0.45	0.45~1.14	>1.14
DN300	<0.51	0.51~1.17	>1.17
DN400	<0.66	0.66~1.21	>1.21
DN500	<0.77	0.77~1.25	>1.25
DN600	<0.87	0.87~1.29	>1.29
DN700	<0.95	0.95~1.33	>1.33
DN800	<1.02	1.02~1.37	>1.37
DN900	<1.08	1.08~1.41	>1.41
DN1000	<1.14	1.14~1.58	>1.58
DN1200	<1.10	1.10~1.64	>1.64
DN1400	<1.20	1.20~1.69	>1.69

3. 能耗分析比较统计表

一般来说,水厂的出厂流量 $Q(\text{m}^3/\text{h})$ 越大,出厂水头 $H(\text{m})$ 越大,供水能耗就越大。所以,将 $QH(\text{m}^4/\text{h})$ 作为水厂能耗的指标。各水厂内各台运行水泵的能耗之和作为该水厂的供水能耗,单从能耗这一指标来看,各水厂能耗之和最小的方案认为是较优的方案。

8.2.2　2015 年供水规划

根据需水量预测,M 市 2015 年最高日用水量为 35.27 万 m^3/d,模拟时按 35万 m^3/d 计算。考虑到未来用水量的增长和分布,在水力模型中新增大学城等大用户,同时东部和南部用户密度增大。做模拟方案时主要考虑南北对峙供水,逐渐淘汰A 水厂,同时逐步提高 B 水厂的制水能力,调整 B、C 水厂水量使总供水量和需水量平衡。2015 年规划管网和水厂位置如图 8-2 所示,图中 A、B 和 C 是水厂。

2015 年最高日模拟方案如下。

方案 1:A 水厂日供水 3 万 m^3/d,B 水厂日供水 15 万 m^3/d,C 水厂日供水17 万 m^3/d;

方案 2:A 水厂日供水 1.5 万 m^3/d,B 水厂日供水 16.5 万 m^3/d,C 水厂日供水 17 万 m^3/d;

图 8-2　2015 年管网拓扑和水厂位置图

方案 3:A 水厂完全废弃掉,B 水厂日供水 18 万 m³/d,C 水厂日供水 17 万 m³/d;

方案 4:A 水厂不制水,改造成加压泵站,B 水厂日供水 18 万 m³/d,C 水厂日供水 17 万 m³/d。

2015 年各水源变更方案模拟结果见表 8-5~表 8-8。

表 8-5　2015 年节点水头统计表

节点自由水头/m	方案 1	方案 2	方案 3	方案 4
＜28	14.3%	26.8%	0.9%	11.0%
28~40	72.0%	68.0%	75.5%	73.5%
40~50	12.4%	5.2%	22.2%	14.1%
＞50	1.3%	0	1.4%	1.4%

表 8-6　方案 3 水厂能耗统计表

水厂名称	水泵编号	水泵型号	工作状态	工作流量 $Q/(m^3/h)$	工作压力 H/m	$QH/(m^4/h)$
	P101	16SA - 9J	off	—	—	—
	P102	16SA - 9J	off	—	—	—
A	P103	16SA - 9J	off	—	—	—
	P104	12SH - 9A	off	—	—	—
	P105	14SA - 10B	off	—	—	—
	P201	24SA - 10B	on	2731.99	39.66	108351.1
	P202	28SA - 10JC	on	2730.62	39.67	108323.7
B	P203	28SA - 10JC	off	—	—	—
	P204	28SA - 10JC	off	—	—	—
	P205	28SA - 10JC	110%	4703.62	39.68	186639.6
	P301	350S44	on	473.39	53.98	25553.6
C	P302	600S47E	120%	3458.19	53.99	186707.7
	P303	600S47E	120%	3458.19	53.99	186707.7
合计	—	—	—	—	—	802283.4

表 8-7　2015 年水厂能耗 QH 分析比较统计表　　　　（单位：m^4/h）

水厂名称	方案 1	方案 2	方案 3	方案 4
A	40722.9	15840.5	0	40132.1
B	375321.4	476584.4	403314.4	366974.9
C	351555.9	226302.8	398969.2	377451.9
总计	767600.2	718727.7	802283.4	784558.9

表 8-8　2015 年超负荷管道统计表

方案	管段编号	管径	管长/m	管材	改造后管径	改造费用/元	总费用/元
	2087	DN500	377.09	球墨铸铁	DN600	267206.0	
方案 1	837	DN500	91.682	铸铁	DN600	64965.9	469706.5
	408	DN500	178.688	铸铁	DN600	126618.3	
	275	DN300	28.271	铸铁	DN400	10916.3	

续表

方案	管段编号	管径	管长/m	管材	改造后管径	改造费用/元	总费用/元
方案 2	39	DN300	298.78	铸铁	DN400	115367.9	1554053.2
	275	DN300	28.271	铸铁	DN400	10916.3	
	274	DN1000	313.67	铸铁	DN1200	780065.9	
	1034	DN1200	73.33	铸铁	DN1400	264989.7	
	2008	DN1200	31.97	球墨铸铁	DN1400	115528.7	
	2087	DN500	377.06	球墨铸铁	DN600	267184.7	
方案 3	950	DN300	47.207	铸铁	DN400	18228.0	214125.9
	574	DN400	366.699	球墨铸铁	DN500	195897.9	
方案 4	2087	DN500	377.085	球墨铸铁	DN600	267206.0	469706.5
	275	DN300	28.271	铸铁	DN400	10916.3	
	837	DN500	91.682	铸铁	DN600	64965.9	
	408	DN500	178.688	铸铁	DN600	126618.3	

从节点水头统计表和超负荷管道统计表来看,方案 3(废弃 A 水厂)是最好的,水头不满足用户需求的节点仅占 0.9%,而且管网压力均衡,75.5%的节点水头为 28～40m,超负荷的管道数量最少,改造费用 21 万元也最低,但是方案 3 的能耗是最高的。

方案 2 的能耗最小,但是水头不满足用户需求的区域较大,高达 26.8%,超负荷的管段也最多,而且是两根 DN1200、一根 DN1000 的,改造费用高达 155 万元。

方案 1 和方案 4 超负荷的管段是一样的,节点水头分布方案 4 稍好一些,但是供水能耗方案 4 稍差。

8.2.3　2020 年供水规划

根据需水量预测,M 市 2020 年最高日用水量为 39.86 万 m³/d,,加上南部 D 县城 10 万 m³/d 的水量,模拟时按 50 万 m³/d 计算。为了满足用水量增长的需求,必须新建 D 水厂,15 万 m³/d 即可满足 2020 年的用水需求,但是从长远考虑,可根据 2030 年甚至 2050 年的用水需求计算 D 水厂的设计容量,D 水厂位置如图 8-3 所示,图中,A、B、C 和 D 为水厂。

为了验证 2015 年的 4 个方案对 2020 年供水的影响,在 2015 年 4 个方案的基础上,考虑 2020 年新增的 D 水厂,根据 2020 年的模拟结果,综合 2015 年的模拟结果选出 2015 年的最优方案。2020 年最高日模拟方案如下。

方案 1:A 水厂日供水 3 万 m³/d,B 水厂日供水 15 万 m³/d,C 水厂日供水 17 万 m³/d,D 水厂日供水 15 万 m³/d。

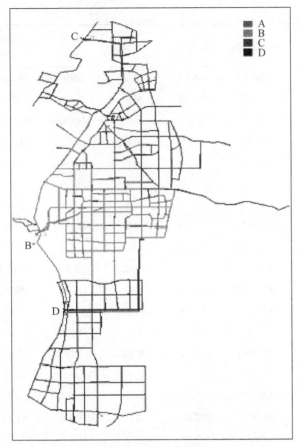

图 8-3　2020 年管网拓扑和水厂位置图

　　方案 2：A 水厂日供水 1.5 万 m^3/d，B 水厂日供水 16.5 万 m^3/d，C 水厂日供水 17 万 m^3/d，D 水厂日供水 15 万 m^3/d；

　　方案 3：A 水厂完全废弃掉，B 水厂日供水 18 万 m^3/d，C 水厂日供水 17 万 m^3/d，D 水厂日供水 15 万 m^3/d；

　　方案 4：A 水厂不制水，改造成加压泵站，B 水厂日供水 18 万 m^3/d，C 水厂日供水 17 万 m^3/d，D 水厂日供水 15 万 m^3/d。

　　2020 年各水源变更方案模拟结果见表 8-9~表 8-11。

表 8-9　2020 年超负荷管道统计表

方案	管段编号	管径	管长/m	管材	改造后管径	改造费用/元	总费用/万元
方案 1	1310	DN300	521.52	铸铁	DN400	201374.5	353.97

续表

方案	管段编号	管径	管长/m	管材	改造后管径	改造费用/元	总费用/万元
方案1	1262	DN500	397.94	铸铁	DN600	281980.3	
	1318	DN500	492.38	铸铁	DN600	348900.5	
	580	DN400	984.07	铸铁	DN500	525709.9	
	5600	DN400	1083.95	球墨铸铁	DN500	579067.8	353.97
	1067	DN400	391.38	铸铁	DN500	209083	
	1026	DN300	385.79	铸铁	DN400	148965.1	
	1077	DN800	689.87	铸铁	DN1000	1244712	
方案2	2003	DN600	710.89	球墨铸铁	DN800	801272.6	
	1630	DN400	802.31	铸铁	DN500	428610	
	642	DN400	619.13	铸铁	DN500	330751.6	
	2012	DN300	769.10	铸铁	DN400	296972.6	
	1067	DN400	391.38	铸铁	DN500	209083	
	1026	DN300	385.79	铸铁	DN400	148965.1	
	1077	DN800	689.87	铸铁	DN1000	1244712	777.73
	820	DN1000	781.80	铸铁	DN1200	1944258	
	1310	DN300	521.52	铸铁	DN400	201374.5	
	1262	DN500	397.94	铸铁	DN600	281980.3	
	1318	DN500	492.38	铸铁	DN600	348900.5	
	580	DN400	984.07	铸铁	DN500	525709.9	
	5600	DN400	1083.95	球墨铸铁	DN500	579067.8	
	590	DN400	815.54	铸铁	DN500	435677.8	
方案3	1310	DN300	521.52	铸铁	DN400	201374.5	
	1318	DN500	492.38	铸铁	DN600	348900.5	
	1262	DN500	397.94	铸铁	DN600	281980.3	193.70
	5600	DN400	1083.95	球墨铸铁	DN500	579067.8	
	580	DN400	984.07	铸铁	DN500	525709.9	
方案4	328	DN300	335.54	铸铁	DN400	129562.1	
	1026	DN300	385.79	铸铁	DN400	148965.1	
	1077	DN800	689.87	铸铁	DN1000	1244712	354.29
	808	DN300	87.12	铸铁	DN400	33639.65	
	823	DN500	69.22	铸铁	DN600	49049.29	

续表

方案	管段编号	管径	管长/m	管材	改造后管径	改造费用/元	总费用/万元
	1310	DN300	521.52	铸铁	DN400	201374.5	
	1318	DN500	492.38	铸铁	DN600	348900.5	
方案 4	1262	DN500	397.94	铸铁	DN600	281980.3	354.29
	580	DN400	984.07	铸铁	DN500	525709.9	
	5600	DN400	1083.95	球墨铸铁	DN500	579067.8	

表 8-10　2020 年节点水头统计表

节点自由水头/m	方案 1	方案 2	方案 3	方案 4
< 28	15.3%	16.5%	6.2%	12.7%
28~40	52.1%	58.3%	69.3%	62.8%
40~50	22.1%	15.2%	22.4%	24.5%
> 50	10.5%	10.0%	2.1%	0

表 8-11　2020 年水厂能耗 QH 分析比较统计表　　（单位：m^4/h）

水厂	方案 1	方案 2	方案 3	方案 4
A	36075	21528	0	38957
B	388762	421018	489205	469749
C	354324	425347	395304	435641
D	416666	418167	385979	426816
合计	1195827	1286060	1270488	1371163

从节点水头统计表来看,方案 3(废弃 A 水厂)还是最好的,水头不满足用户需求的节点仅占 6.2%。超负荷的管道数量最少,改造费用 193 万元也最低,但是方案 3 的能耗不是最低的。

方案 1 的能耗最小,但是水头不满足用户需求的区域较大,高达 15.3%;方案 2 超负荷的管段最多,改造费用高达 777 万元;方案 4 能耗最高。

综合比较 2015 年和 2020 年的方案,无论短期还是长远的效果,方案 3(废弃 A 水厂)都是最好的,尽管供水能耗不是最低,但是 4 个方案的能耗相差不大,2015 年最大能耗和最小能耗只相差 10.4%,2020 年最大能耗和最小能耗只相差 12.8%,只要在泵站节能方面做些改进,采用科学的水泵调度方案,能耗是可以降低的。2015 年废弃 A 水厂对 2020 年新建 D 水厂后的供水压力分布、改造费用都产生积极影响。

　　综上所述,在掌握和分析供水管网资料的基础上,利用计算机建模技术,构建管网系统水力模型,建立供水管网工况分析数字化平台,在此平台上对 M 市 2015 年和 2020 年规划管网进行多方案、多工况模拟,通过压力分布、改造费用、供水能耗等方面进行方案比较,得出 2015 年废弃 A 水厂的方案最优。

第9章 中小城镇供水管网模型应用研究

国内众多的中小城镇,其早期敷设的供水管网没有进行合理的管网规划,随着城镇的发展,供水需求及供水安全性不断提高。如何进行供水管网的合理布局,如何进行旧管网的更新改造,如何让泵站、水库运行更加合理? 要解决这些问题,迫切需要对管网现状进行评估,以对今后管网规划、运行、改造进行指导。

随着社会主义新农村建设的加快推进,城乡一体化进程逐步加快,中小城镇发展迎来新的契机,城乡供水集约化工作逐步展开。

城乡供水一体化后,对中小城镇供水安全运行保障提出新的标准和要求,输配水管网复杂程度增加,供水运行更加困难,通过基础资料收集、管网拓扑完善、运行参数输入及运行模拟建成动态模型,通过模型校验使之达到相应的精度,再利用模型进行管网现状的评估,对管网规划、运行、改造做指导,成为当务之急。

上海市奉贤区供水管网规模符合中小城镇供水管网规模特征,本章以其为例探讨管网模型应用。

9.1 供水管网现状评估

9.1.1 供水概况

1. 地区概况

奉贤区位于长江三角洲东南端,地处上海市南部,南临杭州湾,北枕黄浦江,与闵行区隔江相望,东与南汇区接壤,西与金山区、松江区相邻。境内有 31.6km 杭州湾海岸线,13.7km 黄浦江江岸线。面积 720.44km²,人口约 115.78 万人(2014年数据),下辖青村镇、奉城镇、金汇镇、庄行镇、四团镇、柘林镇、海湾镇、南桥镇(区政府所在地),辖区内有上海市工业综合开发区、上海市化学工业区奉贤分区和奉贤临江工业区等工业区。

2. 水厂

管网总供水能力 45 万 m³/d;奉贤三水厂一车间供水能力 30 万 m³/d,位于西闸路竹港处;奉贤三水厂二车间供水能力 5 万 m³/d,位于沪杭公路近奉浦大道处;奉贤二水厂供水能力 10 万 m³/d,位于航塘公路新川南奉公路处。

3. 管网概况

管径≥DN100 的供水管网总长 1413km,含阀门 10235 只、桥管 834 座(总长 23903m)。管径≥DN500 的供水管网长度 220km,含阀门总数 603 只、桥管 271 座(总长 7793.8m)。管道主要为铸铁管、PVC 管、水泥管、球墨铸铁管、PE 管、钢管等。

管网采取总分结合、环枝并举、众星捧月式管网拓扑结构。围绕三水厂一车间和二车间形成西片供水主干环网,围绕二水厂形成东片供水主干环网,东西两大供水区域间设三根连通管,相互接通,形成了供水管网总环。其中,南桥、海湾、奉城地区城市化水平比较高,尽可能采用环状供水,其他十八个乡镇社区管网挂接在供水主干环网上,多采用枝状供水方式。整个输水管网相互连通,形成一张网供水格局。

西部供水区域的供水水厂为三水厂一车间和二车间,总供水能力为 35 万 m³/d。三水厂二车间主要通过两根 DN800 出厂管供应南桥地区。三水厂一车间有三条出厂管:一条 DN1000 的出厂管沿着西闸公路,环城西路供水;另一条 DN1000 的出厂管沿着西闸公路,沪杭公路供水;一条 DN1400 出厂管沿西闸公路、规划沪杭公路向浦卫公路、团南公路供水。

东部供水区域的供水水厂为二水厂,供水能力为 10 万 m³/d。管网布置时,将原 DN1000 干管与二水厂出厂管相连,在新的奉城中心镇范围内连接部分原有管线,形成环状供水形式;在瓦洪公路以东,在新川南奉公路和平庄公路沿途分别布置 DN800 和 DN600 的输水管线,供应四团、平安;在新四平公路上布置 DN600 管线,连通这两条输水干管,以增加供水的安全性。

为了提高东、西部两片供水区域供水的安全性,两区之间布置三条连接管:北面连接管从金钱公路处,沿大叶公路—航塘公路—新川南奉公路直到二水厂,沿途经过泰日社区、上海工业综合开发区 B 区和青村社区;中间连接管从金海公路开始,沿新川南奉公路到航塘公路;南面连接管从金海公路开始,沿平庄公路向东到航塘公路。

4. 泵站

全区共有 15 座泵站,其中,两座泵站暂停营运,分别为四团泵站和青村泵站;化工区泵站实行无人泵站改造试点,暂不投入大规模生产运行。泵站情况见表 9-1。

表 9-1　泵站情况

泵站名称	泵站类型	供水范围	水泵数量	是否有水库	运行情况
庄行泵站	增压水库泵站	庄行社区	5 台	有	运行
姚家巷泵站	增压水库泵站	南桥地区	4 台	有	运行
育秀泵站	增压水库泵站	南桥地区	8 台	有	运行
曙光泵站	增压水库泵站	南桥地区	6 台	有	运行
华亭泵站	水库泵站	南桥地区	3 台	有	运行
胡桥泵站	水库泵站	化工地区、胡桥、柘林、新寺社区	4 台	有	运行
化工泵站	增压水库泵站	暂不投入生产	5 台	有	备用
海湾泵站	增压水库泵站	海湾地区	5 台	有	运行
钱桥泵站	增压水库泵站	钱桥社区	3 台	有	运行
光明泵站	增压水库泵站	光明社区	2 台	有	运行
金汇泵站	增压水库泵站	金汇、齐贤社区	5 台	有	运行
泰日泵站	水库泵站	泰日社区	6 台	有	运行
青村泵站	增压水库泵站	暂不投入生产	6 台	有	停运
四团泵站	增压水库泵站	暂不投入生产	5 台	有	停运
平安泵站	增压水库泵站	平安、四团、邵厂社区	5 台	有	运行

9.1.2　模型概况及应用研究

模型中选择管径 DN200 以上的管网,形成模型拓扑结构,模型结构如图 9-1 所示。其中包括 9591 个管段,2730 个基本节点,284 个大用户,6 个区块(西渡供水区块、萧塘供水区块、南桥供水区块、化工供水区块、海湾供水区块、奉城供水区块),3 个水厂(三水厂二车间、二水厂、三水厂一车间)和 7 个中途加压泵站(育秀泵站、姚家巷泵站、曙光泵站、华亭泵站、胡桥泵站、化工泵站、平安泵站)。

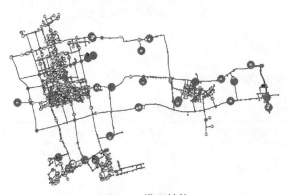

图 9-1　模型结构

1. 出厂水量统计

通过统计得出管网模拟三个水厂出厂水量及管网总水量（图 9-2）以及各时段总水量（图 9-3）。

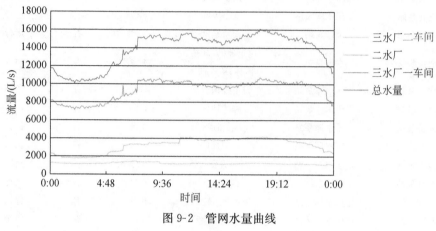

图 9-2　管网水量曲线

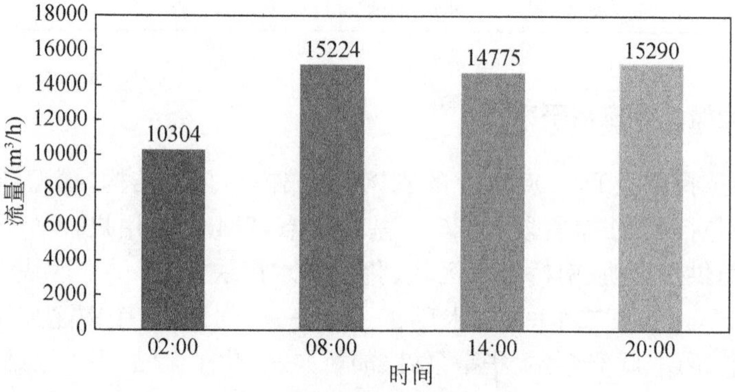

图 9-3　各时段管网总水量

2. 管网中节点基本水量统计

管网中节点水量情况见表 9-2。

表 9-2　管网中节点基本水量统计

下限/(L/s)	上限/(L/s)	节点数	流量/(L/s)	比例/%
0	0.1	5516	155.60	2.62
0.1	0.5	7369	1988.57	33.43
0.5	1	1623	1071.55	18.02

续表

下限/(L/s)	上限/(L/s)	节点数	流量/(L/s)	比例/%
1	10	458	979.20	16.46
10		61	1752.72	29.47
合计		15027	5947.64	100.00

　　根据管网总水量变化情况,选择 2:00(低峰),8:00(高峰),14:00(平均)和 20:00(小高峰)等经典时段进行管网动态分析。

　　供水管网模型校验是管网建模项目中关键的一环,它不但决定了模拟结果的准确程度,也直接决定着模型的可信度和实用性。

3. 三个水厂的主要供水区域

　　三水厂一车间和三水厂二车间主要供应西部地区,二水厂主要供应东部地区,如图 9-4 所示。

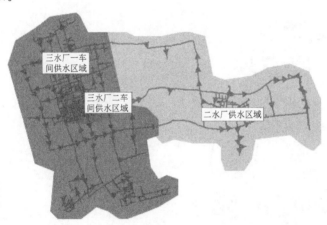

图 9-4　供水区域

4. 供水路径分析

　　三水厂一车间供水方向主要是从北部向南部,二水厂主要是从西部向东部,如图 9-5 所示。

　　供水路径如图 9-6 所示。从水源出发,计算主要供水路径,包括主输水管、一级配水管。

　　8:00 时段主次供水管道压力情况如图 9-7 所示。

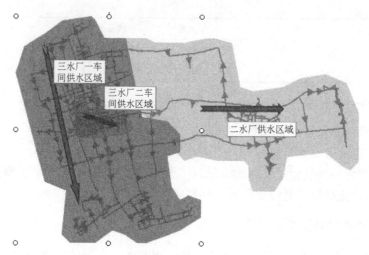

图 9-5　供水方向

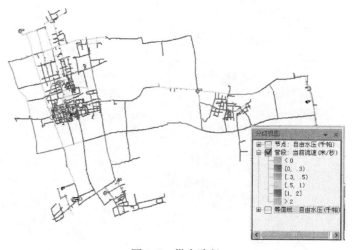

图 9-6　供水路径

5. 管网压力区域分析

　　按整个管网绘制压力等值区，并转化为区块保存，按照高、次高、中、次低、低五个区域分级自动设置数值及颜色(图 9-8)。

　　按指定供水区域绘制压力等值区，按照该区域的高、次高、中、次低、低五个区域分级自动设置数值及颜色。

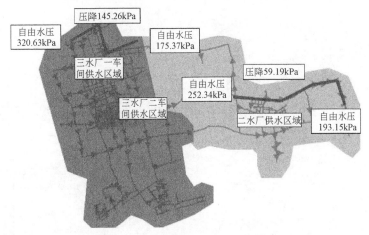

图 9-7　8:00 时段供水管道压力情况

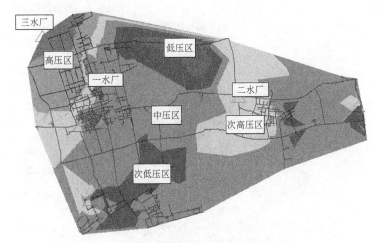

图 9-8　管网压力分级分布情况

6. 管段流速、节点压、节点水龄评估

1)管段流速分布图
8:00 时段管段流速分布图如图 9-9 所示。

2)节点压力评估
8:00 时段节点压力分布图如图 9-10 所示。

3)节点水龄评估
节点水龄分布如图 9-11 所示。

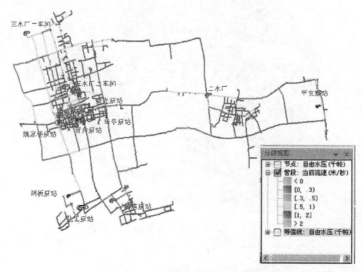

图 9-9　8:00 时段管段流速分布

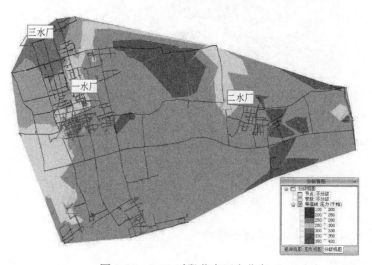

图 9-10　8:00 时段节点压力分布

7. 水力坡度分析

水力坡度分布图如图 9-12 所示。

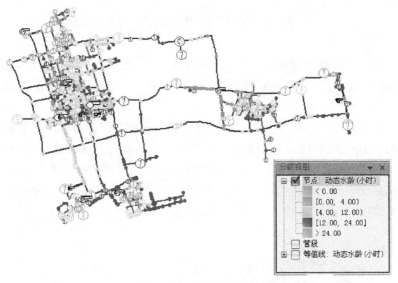

图 9-11　节点水龄分布

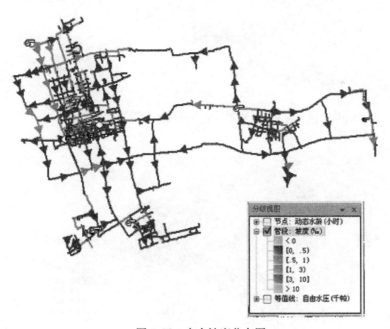

图 9-12　水力坡度分布图

9.2　水厂停役模拟分析

由于轨道交通站点规划建设与现状三水厂一车间二车间用地冲突,规划部门提出三水厂一车间二车间(现状占地 3.3hm²)不再予以保留,并在奉贤其他地区择址建厂。

三水厂一车间二车间于 2011 年停役,其后由其他水厂为南桥地区供水。

由图 9-13～图 9-16 可以分析出,水厂停役前,管网压力未出现低于 160kPa 的情况;停役后,南桥的东南部在供水高峰时压降较大,采用打开三水厂一车间与二水厂之间的联络阀门的方式,压力情况如图 9-17 所示,南桥的东南部在供水高峰时压降区域明显缩小。三水厂二车间停役前后水厂流量情况见表 9-3。

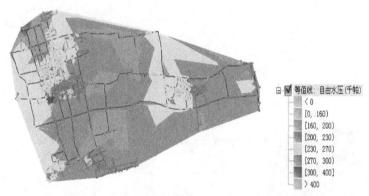

图 9-13　三水厂一车间二车间运行时 8:00 管网压力分布

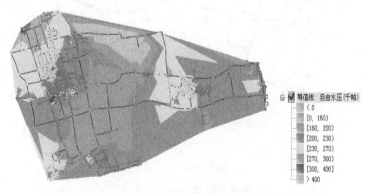

图 9-14　三水厂一车间二车间停役后 8:00 管网压力分布

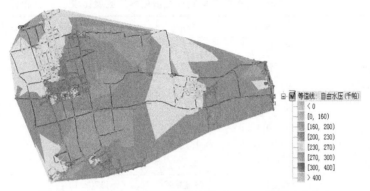

图 9-15　三水厂一车间二车间运行时 16:00 管网压力分布

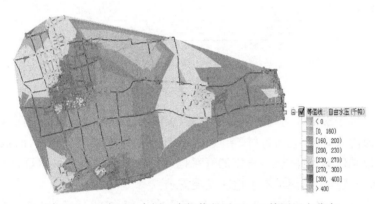

图 9-16　三水厂一车间二车间停役后 16:00 管网压力分布

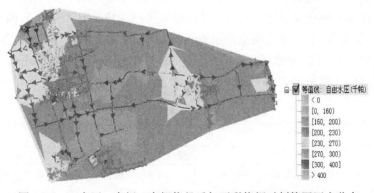

图 9-17　三水厂一车间二车间停役后打开联络阀时刻管网压力分布

表 9-3　三水厂二车间停役前后水厂流量比较　　　（单位：m³/h）

状态	出厂管	二水厂	三水厂一车间	三水厂二车间
停役前 (2010.7.24)	出厂管 1	1799.95	2286.81	
	出厂管 2	1611.27	2386.81	1742.96
	出厂管 3	—	5346.8	
	总流量	3411.22	10020.42	1742.96
停役后 (2010.7.24)	出厂管 1	1871.04	2606.83	
	出厂管 2	1672.88	2782.66	—
	出厂管 3	—	6313.66	
	总流量	3543.92	11703.15	—
停役两年后 (2012.7.24)	出厂管 1	1938.95	2676.56	
	出厂管 2	1733.44	2857.52	
	出厂管 3	—	6483.45	
	总流量	3672.39	12017.53	—

9.3　馈水分析

本节对位于奉贤区南端的海湾镇五四、燎原、星火农场的馈水进行分析。该区域西临原海湾旅游区，北与青村、奉城、四团等镇相接，东靠海港新城，南依杭州湾。由于长期以来依靠深井供水，长年的开采已经导致静态水位和抽水降深水位急速下降，供水现状越来越满足不了地区发展需求。

2009 年五四水厂售水 1000481m³，燎原水厂售水 822115m³，星火水厂售水 1278120m³，全年合计 3100716m³，最大日供水量 1.5 万 m³/d 左右。

考虑到现状实施的可能性（现状五四、燎原、星火农场需供水量比较小，地区规划建成后形成大的供水量需求有个过程；规划道路未成形），考虑在新四平公路敷设 DN500 输水管（平安泵站向南出泵管延伸）馈水给东片的五四农场地区，沿航塘公路向南敷设 DN600 输水管（从平庄公路 DN600 接出）馈水至星火和燎原农场区域。馈水总体工程量见表 9-4。

表 9-4　海湾镇馈水总体工程量

管线工程量			
排管路段	起讫路线	工程量（管径/mm—长度/m）	备注
规划林海公路	平庄公路—规划新沪杭公路	DN600—4000	DN600 流量仪一只
新四平公路	海杰路南—规划星火公路	DN500—2500	DN500 流量仪一只
规划航塘公路	平庄公路—规划新沪杭公路	DN600—1700	DN600 流量仪一只
规划瓦洪公路	平庄公路—星火公路	DN600—2800	DN600 流量仪一只

按照五四、燎原、星火农场最大日需供水量约为 15000m³/d，设计每个馈水表总水量为 200m³/h，用水模式用距离较近的平福路馈水表用水模式代替。

由图 9-18～图 9-21 可以看出，向海湾镇馈水后，奉贤的中部和东部地区会出现小幅压降，但是没有出现小于 160kPa 的位置。

向海湾镇馈水前后 8:00 水厂流量情况见表 9-5。

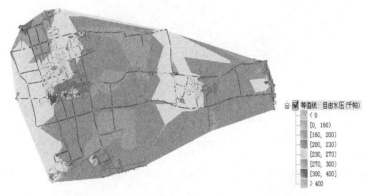

图 9-18　向海湾镇馈水前 8:00 管网压力分布

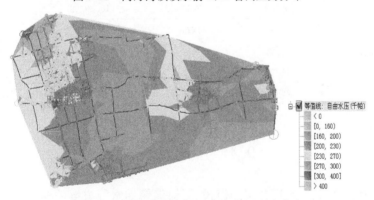

图 9-19　向海湾镇馈水后 8:00 管网压力分布

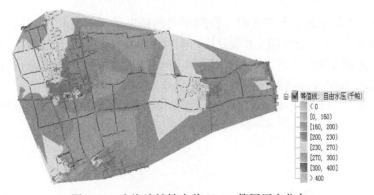

图 9-20　向海湾镇馈水前 16:00 管网压力分布

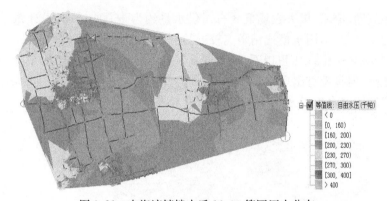

图 9-21　向海湾镇馈水后 16:00 管网压力分布

表 9-5　向海湾镇馈水前后 8:00 水厂流量比较　　　（单位:m³/h）

状态	出厂管	二水厂	三水厂一车间	三水厂二车间
馈水前 (2010.7.24)	出厂管 1	1799.95	2286.81	
	出厂管 2	1611.27	2386.81	1742.96
	出厂管 3	—	5346.8	
	总流量	3411.22	10020.42	1742.96
馈水后 (2010.7.24)	出厂管 1	1971.52	2211.58	
	出厂管 2	2202.4	2388.5	1756.24
	出厂管 3	—	5350.81	
	总流量	4173.92	9950.89	1756.24

9.4　小结与建议

通过现状评估、三水厂二车间停役、对海湾镇馈水等方案的模拟评估,管网模型已经到达初步应用。

模型需要有不断完善的过程。根据不同的精度情况进行相应应用的拓展(管网评估、工程管理、供水调度、水质分析),同时通过应用进一步促进模型的完善,实现建设与应用的良性循环。应根据具体实际建立切实可行的数据维护、更新长效机制,使模型数据及时得到维护、更新,保证模型的时效性和精度。

此外,还应针对中小城镇特点,总结管网模型建立和应用经验,予以推广。

第 10 章　世博园区供水管网水质模型探索

10.1　供水管网在线监测系统

管网在线监测系统是一套以在线自动分析仪器为核心,运用现代传感器技术、自动测量技术、计算机应用技术以及相关的专用分析软件和通信网络组成的综合性在线监测体系。利用管网在线监测系统获取的数据可以建立完善的管网水力模型和管网水质模型,帮助工程师科学地管理管网系统的运行。管网水力模型是在流量、压力在线监测系统的基础上建立的动态仿真系统,管网水质模型则是在水力模型和水质在线监测系统的基础上建立的动态系统。

管网在线监测系统在内容上包括管网水力和水质的在线监测。水力监测指标包括监测点压力、大用户实时用水量及压力、管段流量等;水质监测指标包括余氯浓度、浊度、电导率、pH 等。

管网在线监测系统能连续、及时、准确地监测目标设施的水压、水量及水质变化状况,控制中心可随时取得各子站的实时监测数据并统计处理,实现对管网水力、水质的实时连续监测和远程监控,达到及时掌握供水管网的水力水质状况等目的。

供水管网在线监测系统在系统组成上包括在线监测点以及相应的监测仪器(负责水力、水质参数的在线测定)、信号传输系统(将测到的数据传送至远程计算机)、数据管理系统(对接收到的数据进行分析和管理)。总体而言,它是一种以数据采集和管理为主要任务的网络系统,具备一定的分析和管理功能,其作用不局限于硬件本身实现的监测功能,与相关的软件系统(管网水质模拟系统)相结合后能发挥更为强大的功能,对于管网水力与水质监测和分析具有重要意义。

上海世博园区浦东片(世博园区)建立了一套综合集成的供水管网水力、水质在线监测系统,具体包括水质在线监测系统、可以实时监测用户水量水压的远传水表、可以实时监测管段流量及压力的电磁流量仪等三个子系统。

1. 管网水质在线监测系统

在水质在线监测系统网络中,中心站通过有线和无线两种通信方式实现对各子站的实时监视及数据传输功能。子站是一个独立完整的水质在线监测系统,一般由 6 个子系统构成:①采样系统;②预处理系统;③监测仪器系统;④PLC 控制系统;⑤数据采集、处理与传输子系统;⑥远程数据管理中心。

水质自动监测系统应同时具备 4 个要素:①高质量的系统设备;②完备的系统设计;③严格的施工管理;④完善的运行管理。

管网水质监测点的选取原则是最大限度地反映管网内的水质。结合管网实际情况,建立一些选点的原则:

(1)水厂泵站的出口。

(2)水质容易发生恶化的地区,如用水量小、水龄过长的地区。

(3)水质容易恶化的管网末梢。

(4)不同水源的分界线区域。由于水在该区域来回振荡,停留时间较长,往往是水质容易恶化的地区,需要加强监测。

(5)一些重点地区。

(6)易于施工安装的位置。

根据以上选点原则,选择 5 个监测点安装集成水质在线监测仪器,同时监测余氯浓度、电导率、温度、浊度、pH 以及压力等运行参数。余氯浓度、电导率、浊度、pH 等传感器探头都是由 Endress+Hauser 生产的。

余氯仪采用 CCS120 总氯传感器探头,测量范围 0.1~10mg/L;覆膜式传感器由阴极和阳极组成,阴极作为工作电极,阳极作为反电极,电极被浸入电解液内,电极和电解液与介质分离,由覆膜测量,覆膜防止电解质流失及污染物渗透引起中毒,阳极和阴极间加一个固定的极化电压。当传感器浸入含氯的水中时,氯分子通过覆膜扩散,流向阴极的氯分子减少,变成氯离子,在阳极上,银被氧化成氯化银,根据所产生的最大扩散电流测得氯浓度。其优点是无须零点标定,测量值不受电导率波动影响,现成的覆膜式探头便于更换。

电导率仪采用 ConduMax W CLS 21 双电极传感器,电极长度 61mm/2.40″,电极直径 24mm/0.95″,电极常数 $k=1/cm$,测量范围 $10.0\mu S/cm \sim 20.0mS/cm$。最高工作温度为 150℃,最大工作压力为 16bar[①](20℃)。

浊度仪采用 Turbimax CUE21/CUE22 在线浊度分析仪,测量范围 0~1000NTU。当浊度大于 40NTU 时,测量误差在读数的 ±5% 以内;当浊度小于40NTU 时,测量误差在读数的 ±2% 以内。测量原理为一束光线穿过介质,遇到不透光颗粒,如固体颗粒时,改变原来的方向。测量方法包括:

(1)90°WL 散射光法。测量采用符合 U.S.EPA180.1 的标准化的 90°散射光法。介质的浊度由散射光的数量来测定。白光光束介质中的固体颗粒散射,散射光被与白光源成 90°排列的散射光检测单元检测。

---

① 1bar=10⁵Pa。

（2）90°NIR散射光法。测量采用符合ISO7027/EN27027的标准化的90°散射光法。介质的浊度由散射光的数量来测定。一定波长的近红外光被介质中的固体颗粒散射，散射光被与红外光源成90°排列的散射光检测单元检测。优点为可提供白光型或红外光源型，实现快速、简单的校准（5min内完成主要校准，几秒钟内确认），较小的测量池减少了校准成本并提高了响应速度，自动连续的超声波清洗极大延长了清洗周期，模块化微处理器技术极大降低了使用成本。

pH仪采用CPS11D数字电极，AA型电极，测量范围0～12，BT型电极测量范围0～14。安装时不要将电极颠倒，倾度角至少与水平方向成15°，因为较水平的倾度角会在玻璃半球中形成气泡层，降低内部电极pH膜的湿度。可选内置Pt100或Pt1000温度传感器，用于精确的温度补偿。优点是采用PTEE大面积环状隔膜确保电极的耐用性，可在6bar压力下使用，使用寿命长，Top68接头确保测量值的可靠传输。此外，基于Memosens技术实现安全的数字化数据传输，通过非接触感应式传输，实现最大过程安全性。

集成水质在线监测仪的优点为安装方便，操作简单，使用可靠。各仪器设备集成安装在防锈水质柜内，水质柜的安装条件如下：

（1）水质柜需要约2m²的安装和使用空间。

（2）水质柜需要220V（空调制冷900W，制热1100W，年耗电3600kW/h）市电的接入。

（3）水质设备需要不间断排水，故需要在安装点附近有下水道。

在线水质监测仪可将现场采集到的数据通过通用分组无线服务（general packet radio service，GPRS）网络实时地传递到控制中心SCADA系统。水质监测仪每分钟采集并发送一次数据，作为世博园区管网水质模型在线模拟和校核的基础数据。

水质在线监测仪的维护工作包括如下内容：

（1）携带便携式浊度仪、便携式余氯仪。

（2）每周对在线水质设备（余氯仪、浊度仪）使用便携式仪表进行一次比对校准；同时更换浊度仪玻璃瓶，清洗干净以备下次更换。

（3）每月对余氯仪电极流通槽腔体进行清洗，防止杂质堵塞。

（4）每季度更换所有在线余氯仪所用的电解液，并进行校准工作。

2. 用户水量水压在线监测系统

随着我国国民经济和供水量的不断发展，大用户的用水量已占到总用水量的很大部分。为了掌握大用户的用水规律，对大口径水表的实时监控已日益成为供水企业提高管理和服务水准的发展趋势，通过对大用户的用水信息进行系统分析，对于供水规划的制定、合理的调度、降低产销差有着极其重要的战略意义。

在世博园区安装了 118 个远传水表,可实时监控大用户的水量和压力信息。其中口径≥DN50 的大用户选用真兰表(Zenner),口径<DN50 的大用户选用爱托利表(Actaris),真兰表可在线收集用户流量和压力数据,爱托利表可在线采集用户流量数据。远传水表优点为集流量、压力实时数据采集、存储、远传、电池供电于一体,无累积误差,具备反向流量计量,无外部引线,安装方便,免维护,全密封结构,IP68 防护等级,电池自供电 6 年以上,具备流量、压力上下限报警、倒流报警、电池电压低等实时报警功能,GPRS 主通信、短消息(SMS)备用通信,具备远程自动补数据功能,支持各种参数的远程设置和系统程序的远程更新。

根据电池容量及数据分析的需要,远传水表要求 2h 发送一次数据,数据采集频率为 15min 一次,作为管网水力模型在线模拟和校核的基础数据,也是制定园区内各场馆用户用水模式的数据来源。

远传水表系统实时获取大客户的用水模式和管网压力,自动上传并更新水表现场的实时数据包括压力、正向流量、反向流量、累计流量、水表读数等,数据可服务于调度系统,为合理调度提供依据。压力、流量数据以 15min 作为保存周期,可分析瞬时流量和管网压力之间的影响关系和规律,分析用水量同水表口径之间是否匹配,判断是否存在"大表小流量"的现象,并作为科学换表、选表的依据,是降低供水企业漏损率的有效途径之一;可实时监测水表的运行状况(压力上/下限、流量上/下限、流向突变、突降值等)及异常报警(强磁干扰、电池低电压、超计划用水等)。

远传水表的作用体现在:实现了远程现代化抄表的手段,大幅提高抄表效率,降低管理成本,抄表数据可服务于营业收费系统;实时获取用户的用水模式和管网压力,数据可服务于调度系统,为合理调度提供依据;能实时监测水表的运行状况及异常报警,提高了控制中心风险预警能力。

通过对大用户实时数据进行多种分析和汇总,为掌握大用户用水规律提供了详尽的数据来源,为分区计量、优化供水调度等提供了重要依据。

世博园区远传水表投入使用以来,水表和大客户管理系统后台软件的运行状况稳定可靠。通过实时监测的数据,可对世博园区内各场馆用户的用水过程进行全方位分析;通过掌握他们的用水规律,为科学决策提供依据;同时,可向用户提供其用水信息,使其在用水方面做出更为合理的安排,进一步体现了供水企业的服务理念和质量。

3. 管段流量压力在线监测系统

世博园区安装的流量仪为 ABB 公司的 AquaMaster 流量仪,其流速测量范围为 0~18000m³/h,准确度等级 0.25,重复性 0.2,电源依靠电池或 220V 外接电源,通过 RS232 有线通信或 GSM 无线通信实现远传。数据传输设备采用 SOFREL

的 LS,压力传感器为 SOFREL 标准型。其中流量仪的二次表头与数据传输设备全部为井下式安装,防水等级 IP68。其工作原理是:将流经流量仪的水作为导体来切割流量仪产生的磁力线,依据电磁感应定律,通过从切割磁力线产生的电流折算出流经流量仪的水量。

AquaMaster 流量仪的优点为高性能、免维护,测量精度可达 0.25%,具备超强的小流量测量能力,内置多通道、大容量记录器,具备高精度、高分辨率数据记录,包括瞬时流量、压力和累积流量。电池寿命可达 6 年,也可采用交流供电。

流量仪的数据采集频率是 15min,根据电池容量,一天发送 5 次数据包(数据发送时间分别是 0:00、8:00、10:00、14:00、16:00),作为世博园区管网水力模型在线模拟和压力、流量校核的基础数据;边界流量计把世博园区分为三个分区,便于监测进出园区的水量信息。

10.2　供水 SCADA 系统

SCADA 系统中心站是供水公司取水、源水输送、净水流程和供水管网的生产信息采集/预处理中心和调度命令发布管理中心。其功能主要有:接收生产数据,实现实时监控;存储、管理、分析生产数据,为各种工作提供全面的基础数据支持;对各类异常情况做出报警,提高突发情况应对效率;输入各类由厂所人工报账的数据,以及其他 SCADA 系统未能采集的数据,实现无纸化的调度管理;实现 Web 浏览与查询,实现随时快捷地查看查询当前数据;自动生成并定时发送报表,提高报送效率。

供水 SCADA 系统包括的内容如下:

(1)中心 SCADA 主要包括中央服务器、控制台(上位机)。

(2)本地 SCADA 主要包括各水厂、泵站当地用于采集数据的 PLC 以及位于当地控制室的控制台。

(3)野外站点包括管网中楼顶水箱水位点、管网水质点、测压点以及测流点。

(4)水厂、泵站有 2 条互为备份的线路与中心 SCADA 系统相连接,主线为以太光纤 ATM 线路,备线为 ISDN 线路。

(5)管网压力、水质、测流点采用 GPRS 和 SMS 无线连接方式实时传输。

浦东的原水和供水 SCADA 系统包括以下信息:

(1)黄浦江原水的水位、化学需氧量(chemical oxygen demand,COD)、氨氮、温度和浊度等信息;

(2)临江水厂的进水的浊度、氨氮、亚硝酸盐、总有机碳(total organic carton,TOC)、温度、锰、溶解氧(dissolved oxygen,DO)、苯酚、UV_{254} 和 pH 等信息、清水池水位、出厂水的流量、余氯浓度、浊度、压力、氨氮、色度、锰和 pH 等信息。

(3)长清泵站进水压力、水池水位、出水流量、压力、余氯浓度和浊度。

(4)世博园区管网监测点流量、压力和余氯浓度、浊度、电导率和 pH 等水质数据以及 Permalog 探头报警信号和远传水表实时用水数据。

从原水、临江水厂、长清泵站到世博园区管网的流量、压力和水质在线数据都可以显示在位于长清泵站的信息化平台的大屏幕上。

临江水厂原水和出厂水水量、水压及水质在线数据将通过有线方式实时传输，世博园区的流量、压力和水质监测数据采用无线方式传输，数据传输到长清泵站内的信息化平台上显示出来，并实现 Web 浏览。

10.3 管网水质模型的建立和应用

供水管网系统十分复杂、庞大，仅靠有限的监测点进行人工或在线监测水质变化情况来达到实时、全面地掌握整个管网系统的水质状况是十分困难的。管网水质模型运用计算机模拟技术，在管网水力模型的基础上建立管网水质变化的数学模型，从而推算出管网各个节点的水质状况，评估整个管网系统的水质情况。精准的管网水力模型是建立管网水质模型的重要基础。

10.3.1 管网水力模型

1. 建立世博园区地理信息系统

管网 GIS 是建立水力模型和水质模型的基础，通过 GIS 可以获取完整的管网拓扑结构、管道口径、长度、敷设年代、用户位置等重要信息，有效地对供水管网进行科学管理。

世博园区 GIS 从供水管网施工建设就开始收集准确的原始资料，建立了全要素的供水管网 GIS，包括管道、阀门、消火栓及水表等构件的属性信息以及 GPS 定位信息。阀门、消火栓以及水表等构件的 GPS 精确定位为管网水力模型的建立提供了便利。

世博园区 GIS 以 ArcGIS 为平台，可以快速显示、查询，统计、打印各种属性信息；包含管道 38km、阀门 636 个、消防设施 221 套，以及各种修漏、冲洗、断水操作记录等运行数据。

2. 水力模型的建立和校核

世博园区边界安装了流量仪及测压设备，可以获取流量、压力等边界条件，使独立建立园区水力模型成为可能。管网水力模型分为世博园区管网水力模型以及整个浦东城区的管网水力模型。由于区域内监测点数量和数据质量不同，两个模型的精度各不相同。

　　建立世博园区水力模型的主要目的是精确地模拟世博区域内的管网运行情况,并以此为基础建立精确的水质模型,可以模拟世博园区内管网中的水龄以及余氯浓度变化,为世博会保障优质供水提供科学的管理工具。世博园区水力模型包含世博园区内的所有管网设施,包括长清泵站、园区内管道系统、用户(远传水表)等。精确的世博园区水力模型可以为世博园区的水质模型奠定坚实的基础。

　　世博园区各场馆用户安装的真兰表、爱托利表等远传表采集的历史水量数据可用来确定节点需水量和制定用水模式,边界流量计的水量和用水模式作为模型的边界条件。管网拓扑连接和管道、附件属性的精确性,水表的 GPS 精确定位和每个用户节点精确的水量分配及用水模式的制定,在线仪表提供的大量在线和历史校核数据,保证了世博园区水力模型的高精度。

　　世博园区内 DN50 及以上的真兰表装有压力传感器,除共同沟内的两台流量仪外,其他流量仪都有装压力传感器,且 5 个水质点也可计量压力数据,为模型压力校核提供了足够多的校核数据,部分压力校核结果如图 10-1 所示。其中曲线为模拟值,散点为每 15min 记录一次的压力实测值。

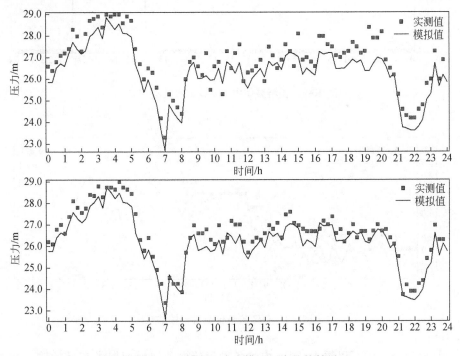

图 10-1　世博园区水力模型压力校核结果

　　除边界流量计外,长清泵站内有 3 个流量仪可做流量校核,园区内有 6 个分区的流量仪可做流量校核。管段流量校核数据也很充足,管段流量校核结果如图 10-2

和图 10-3 所示。其中曲线为模拟值，散点为每 15min 记录一次的流量实测值。

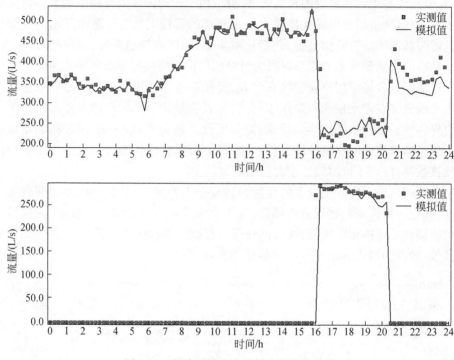

图 10-2　长清泵站内流量仪流量校核结果

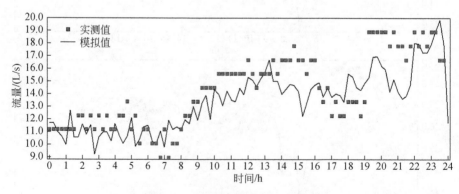

图 10-3　分区流量仪流量校核结果

　　从校核结果中可以看出，园区内的各种远传设备向模型提供充足的输入数据和校核数据，该区域的模型精度有较大提高。

　　SCADA 系统采集的水池、水泵在线操作数据可用来进行水力模型的在线模拟，与监测点在线压力、流量数据进行对比，可及时发现管网异常。将世博模型集成至信息化集成平台中,借助信息集成平台强大的自动更新功能,模型可以一天自动获取 5 次数据并进行自动运算,将模型运行结果与实际采集到的压力数据进行对比,若某时刻压力测量点实测值与计算值有较大差距,在排除输入数据错误的情况下,可判断该处有未计量到的大用水或仪器仪表出现故障。这对及时发现不明用水,避免爆管事故的发生,并现场仪表的日常养护提供了帮助。

10.3.2　管网水质模型

水质模型利用数学模型模拟管网中水质的变化,可以帮助管网运行管理人员认识了解管网中的水质情况,为水质分析及事故处理提供科学依据。由于水质参数众多,许多参数的变化规律目前还无法完全进行数学模拟,在世博园区安全优质供水的保障中,主要选择水龄和余氯作为主要的模拟对象来建立水质模型。余氯衰减动力学主要有一级和二级反应动力学。

一级反应动力学模型表示为

$$C_t = C_0 \exp(-kt) \tag{10-1}$$

二级反应动力学模型表示为

$$C_t = \frac{C_0}{1 + C_0 kt} \tag{10-2}$$

式中,C_t 为 t 时刻氯的浓度,mg/L;t 为反应时间,d;C_0 为氯的初始浓度,mg/L;k 为氯衰减系数。

对于一级反应动力学,k 的单位为(d^{-1});对于二级反应动力学,k 的单位为 L/(mg · d)。

其中,氯衰减系数 k 又分为水体反应系数和管壁反应系数。

$$k = k_b + \frac{k_w k_f}{r_h(k_w + k_f)} \tag{10-3}$$

式中,k_b 为主体水反应速率系数;k_w 为管壁反应速率系数;k_f 为物质传输速率系数;r_h 为水力半径。k_b 和 k_w 是管网水质模型的主要参数,k_b 需要通过实验室测试确定,k_w 需要通过现场测试调整。

k_w 校核的方法有直接调整和间接调整。直接调整是根据现场采样点的水质数据,直接调整 k_w,使模拟值曲线和实测值曲线吻合;间接调整是根据 k_w 和管道摩阻系数 C 的相关关系调整相关系数 F,使模拟值曲线和实测值曲线一致:

$$k_w = \frac{F}{C} \tag{10-4}$$

式中,C 为管道摩阻系数,与管材、管径、敷设年代等管道属性有关;F 为相关系数。

管网水质模型是水力模型的延伸,世博园区管网水质模型可以综合管理园区内管网系统的水质变化,分析将来可能出现的工况,帮助工程师提出合理的系统设计和运作方案。为了保障世博园区的供水安全,满足上海世博会高质量的供水需求,需要对管网系统进行各种供水方案和系统安全分析。由于管网水质分析的复杂性,如果没有准确可靠的管网水质模型支持,工程师就无法对各种可行方案进行系统性的模拟计算,就很难得出经济有效的解决方案。

世博园区日间和夜间的用水量变化大,而管道的口径是按照日间最大流量进行设计的,在用水量没有达到设计流量时,水在管网中的停留时间会偏长,如果不进行及时的冲洗,会导致水质变差,因此准确地模拟世博园区内管网中的水龄具有很重要的实际意义。

基于管网水力模型,针对世博地区供水的水源特点,对余氯在管网中输配水中的迁移规律进行研究,通过建立在线水质监测系统,以及大面积的水质采样测试,研究管网化合物的衰减规律,获得管网水质模型计算参数:主体水反应系数和管壁反应系数,从而建立适合本地区的水质模型的方法,得到管网中余氯衰减的水质模型,实现实时的水质模拟和控制。

1. 水体反应系数 k_b 的测定

分别取 LJ 和 YS 水厂滤后水样到实验室进行 k_b 实测,分别考察不同温度下的余氯衰减情况。根据 LJ 和 YS 水厂不同温度下的 k_b 实测数据确定校核日的 k_b,对于一级反应动力学,测试结果如图 10-4 所示。对于二级反应动力学,测试结果如图 10-5 所示。从不同温度的拟合结果来看,二级反应动力学的拟合结果更好,故主体水余氯衰减采用二级反应动力学。

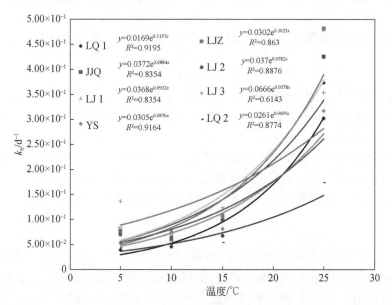

图 10-4 各水厂不同温度下的余氯一级衰减曲线

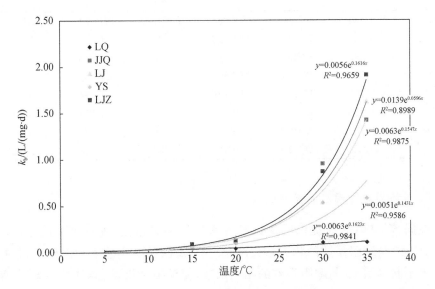

图 10-5　各水厂不同温度下的余氯二级衰减曲线

由于测试时水温为 8℃,根据图 10-5 拟合的曲线,测试日 LJ 水厂和 YS 水厂的 k_b 分别为 0.022L/(mg·d)和 0.016L/(mg·d)。根据水力模型计算出的各水厂供水范围,在模型中采用多边形选择 LJ 和 YS 供水范围内的管段,进行组编辑,替换原有的 k_b 分别为 0.022L/(mg·d)和 0.016L/(mg·d)。

2. 采样点余氯现场实测

为了保障世博园区的管网水质安全,在进行余氯衰减试验时,尽量选取供给世博园区用水的代表性管段上的消火栓来进行取样分析研究。世博园区主要在 LJ 水厂和 YS 水厂供水范围内,LJ 水厂采取深度处理工艺,水质更好,世博园区主要由 LJ 水厂供水,故选取 LJ 水厂出厂 DN1400 干管,沿济阳路 DN1600 干管,过川杨河后济阳路—耀华路进入长清泵站 DN1200 干管的主要供水路径的管段,以及上南路主干管进行测试。

在实测之前需要进行大量的前期准备工作。首先是测试管道的选取,然后是现场的勘察工作。勘察工作主要是获取必须的现场信息,如测点消火栓的管口规格、排水口位置、是否能正常启闭等。通过图上选点和现场勘察,确定 7 个测试点。采样点的位置等信息见表 10-1。

表 10-1　采样点信息表

序号	消火栓编号	干管直径	干管管材	敷设年份	所在路段	对应节点
1	1392	DN1400	铸态球管	1997	林浦路	N2a68
2	16837	DN1800	钢管	2006	济阳路	3501
3	16884	DN1600	球墨铸铁	2006	济阳路	10
4	10239	DN1200	球墨铸铁	2001	济阳路	N5d7d
5	16568	DN1200	钢管	1988	耀华路	N5d76
6	14575	DN1000	钢管	2007	长清路	104
7	1394	DN1200	钢管	1988	上南路	N5d50

3. 世博周边管网水质模型校核

根据 SCADA 系统提供的测试日各水厂的加氯数据,进行 24h 动态水质模拟,初始 k_w 与摩阻系数的相关系数设为 -25,k_b 已通过实验室测试确定,根据模拟结果不断调整 k_w 与摩阻系数的相关系数,使模拟结果符合实际,当 k_w 与摩阻系数的相关系数设为 -10 时,即 k_w 为 $-0.091d^{-1}$ 时(管壁反应设为一级反应),模拟结果与实测值吻合度较好,采样点 1～7 的校核结果依次如图 10-6 所示。图中曲线为模拟值,散点为采用哈希(HACH)便携式余氯仪每 15min 记录一次的总氯实测数据点。

从图 10-6 中可以看出,LJ 出厂干管上的总氯浓度和变化趋势基本与实际相符,部分采样点模拟值与实测值不符合的原因在于以下方面。

(1)水力模型的误差:水力模型模拟精度的提高是一个渐进的过程。

(2)实测数据的误差:便携式总氯测试仪精度为 0.1mg/L 左右。

(3)k_b 的误差:水厂工艺变化会对 k_b 造成影响。

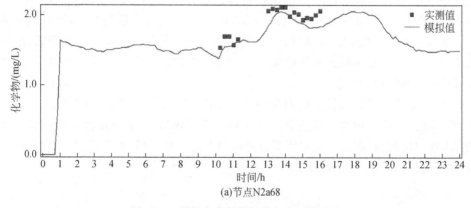

(a)节点N2a68

图 10-6　采样点余氯模拟值与实测值对比

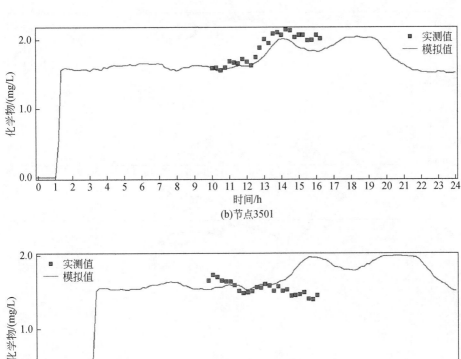

(b) 节点 3501

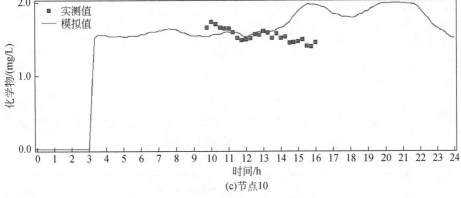

(c) 节点 10

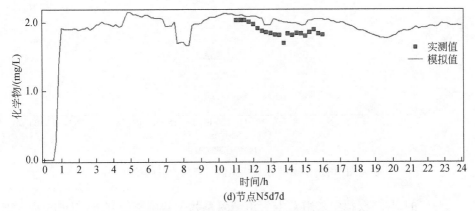

(d) 节点 N5d7d

图 10-6　采样点余氯模拟值与实测值对比 (续)

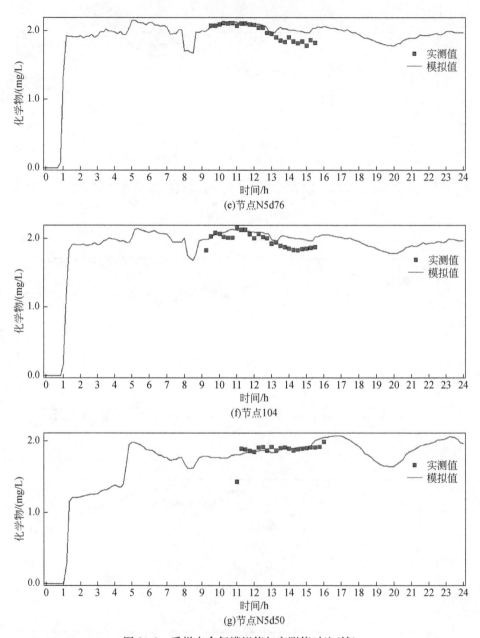

图 10-6 采样点余氯模拟值与实测值对比(续)

(4)k_w 的误差:模拟中采用 k_w 与管道摩阻系数关联调整的方法,需进一步根据管材材质和敷设年份进行区分。

4. 世博园区管网水质模型

在世博园区管网水力模型的基础上,根据 5 个水质监测点的实时水质数据,进行园区内管网水质的实时模拟与校核,校核结果如图 10-7 和图 10-8 所示。其中,曲线为模拟值,散点为在线水质仪提供的实测值。

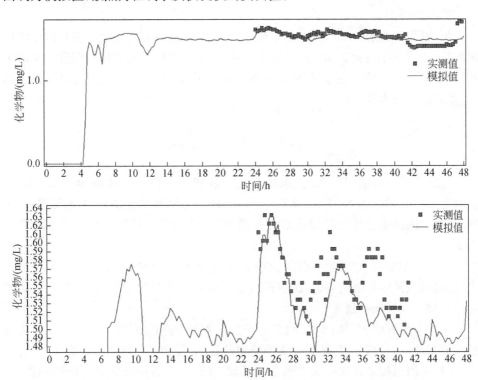

图 10-7　国展路在线水质点校核结果

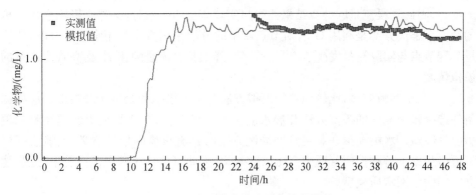

图 10-8　浦明路在线水质点校核结果

根据水质模拟分析内容和结果评价图表,可以进行以下水质模型应用。

1)余氯模拟

根据 5 个水质监测点的实时余氯数据,进行园区内管网余氯的实时模拟。从监测数据和模拟结果来看,管网所有节点余氯浓度都满足《饮用水卫生标准》(GB 5749—2006)。

2)水龄模拟

世博园区日夜用水变化大,且某些地块用水量较小,可能导致水在管网中停留时间长,水质发生变化。为了解决这个问题,利用水力模型和水质模型进行水龄模拟,找出水龄较大的管道,进行消防冲水模拟,为消防冲水方案的制定提供科学依据,改善园区内水质状况。

10.4　小结与建议

通过在世博园区安装水力、水质在线仪表建立了整个区域的 SCADA 系统。将水力水质数据接入 SCADA 系统,实现了水力水质数据的在线采集及 Web 浏览,实时监测整个世博园区供水水力水质状况,从而建立管网在线水力水质监测系统。

设备选型非常重要,要考虑测量精度、安装维护的方便性,供电方案及电池寿命,远传方式及信号强度等。在运行中,监测设备的维护很重要,以免数据采集和传输过程出现错误或遗失。

建立一个准确实用的水质模型,并在实际生产中进行有效的应用,是一项很有意义的工作。通过建立世博园区水质模型的尝试,得到了一些经验和建议:

(1)水质模型是建立在水力模型的基础上的,要对管网水质进行准确的模拟,必须做好水力模型的校核工作,使水力模型的精度达到模拟水质变化的要求。传统的水力模型建模是流量折算的方法进行节点流量的分配,重在模拟和校核节点的压力,因此管段流量的计算结果往往与实际流量不一致,这必然会影响水质模拟的精度。解决方案是利用 GIS,对节点流量的分配采用真实的用水节点分配,使流量分配节点与实际流量发生节点尽量一致,降低折算流量的比例,提高管段流量的模拟精度。

(2)水质参数较多,比较成熟的模拟方法为水龄模拟和余氯衰减模拟。应根据条件选择较为成熟的模拟方法开展水质模型建模工作,并逐步积累建模经验和模型应用经验。水龄模拟在制定管网冲洗方案时具有重要的指导意义,余氯衰减模型可以帮助了解和控制管网中余氯浓度变化,因此可以从这两个模拟着手,逐步建立实用的管网水质模型。

　　(3)相对于管网压力点,管网中的水质监测点数量还是偏少,这为水质模型的校核带来不利影响。随着用户对水质要求的不断提高,有必要在管网中增加更多的水质监测点,一方面可以实时监测管网中的水质变化情况,另一方面可以为建立准确的水质模型奠定数据基础。

参 考 文 献

[1] 高金良,常魁,吴文燕,等. 城市配水管网数字分析平台构建[J]. 哈尔滨工业大学学报,2009,41(2):53-56.

[2] 蒋晓丽. 南水北调江水切换对保定市现有供水设施的影响及对策研究[D]. 保定:河北农业大学,2008.

[3] 郭世娟,田久茹. 依托新水法的颁布实施加快南水北调中线工程前期工作步伐[J]. 河北水利水电技术,2004(2):14-15.

[4] 魏炜,贾海峰,苏保林. 水力平差模型在供水规划中的应用[J]. 北京水务,2006(3):31-34.

[5] 魏炜,贾海峰,信昆仑. EPANET 模型在再生水管网规划设计中的应用[J]. 水利水电技术,2008,39(3):38-41.

[6] 信昆仑,贾海峰,魏炜,等. 基于 GIS 的北京市再生水回用管网规划研究[J]. 中国给水排水,2007,23(5):69-72.

[7] 郭坤. WaterCAD 在给水规划中的应用[J]. 建材与装饰,2008(5):199-200.

[8] Savic D A, Walters G A. Genetic algorithms for least-cost design of water distribution networks[J]. Water Resources Planning and Management,1997,123(2):67-77.

[9] Wu Z Y, Simpson A R. Competent genetic-evolutionary optimization of water distribution systems[J]. Computing in Civil Engineering,2001,15(2):89-101.

[10] Lansey K E, Basnet C, Mays L W, et al. Optimal maintenance scheduling for water distribution systems[J]. Civil Engineering Systems,1992,9(3):211-226.

[11] Ulanicki B, Kahler J, See H. Dynamic optimization approach for solving an optimal scheduling problem in water distribution systems[J]. Water Resources Planning and Management,2007,133(1):23-32.

[12] Ilich N, Simonovic S P. Evolutionary algorithm for minimization of pumping cost[J]. Computing in Civil Engineering,1998,12(4):232-240.

[13] Kleiner Y, Rajani B. Comprehensive review of structural deterioration of water mains: statistical models[J]. Urban Water,2001,3(3):131-150.

[14] 金溪. 供水管网概率水力模型线性化求解方法[J]. 河海大学学报(自然科学版),2011,39(4):458-463.

[15] Wood E F, Mehra R K. Model identification and sampling rate analysis for forecasting the quality of plant intake water[J]. IFAC Proceedings Volumes,1980,13(3):419-425.

[16] Grayman W M, Clark R M, Males R M. Modeling distribution-system water-quality: dynamic approach[J]. Water Resources Planning and Management,1988,114(3):295-312.

[17] Males R M, Grayman W M, Clark R M. Modeling water-quality in distributioni-systems[J]. Water Resources Planning and Management,1988,114(2):197-209.

[18] Rossman L A,Boulos B F. Numerical methods for modeling water quality in distribution systems:A comparison[J]. Water Resources Planning and Management,1996,122(2):137-146.

[19] Rossman L A,Boulos P E,Altman T. Discrete volume-element method for network water-quality modles[J]. Water Resources Planning and Management,1993,119(5):505-517.

[20] 赵洪宾,孟庆海,袁一星,等. 给水管道内的沉积锈蚀对水质及通水能力的影响——试验研究阶段报告[J]. 哈尔滨建筑工程学院学报,1984(4):773-779.

[21] 吴文燕. 给水管网系统水质模型的研究[D]. 哈尔滨:哈尔滨工业大学,哈尔滨建筑大学,1999.

[22] 李欣,张继良,王郁萍,等. 配水管网水质变化的研究(Ⅲ)——三卤甲烷的研究[J]. 哈尔滨建筑大学学报,2000,33(2):58-61.

[23] 徐洪福. 配水管网系统水质变化规律与水质模型研究[D]. 哈尔滨:哈尔滨工业大学,2003.

[24] 赵志领. 给水管网水质特征及其模拟研究[D]. 哈尔滨:哈尔滨工业大学,2006.

[25] 邓涛. 深圳市沙头角区配水管网水质模型的研究[D]. 哈尔滨:哈尔滨工业大学,2003.

[26] 邓涛. 供水系统加氯模式优化理论与计算方法[D]. 哈尔滨:哈尔滨工业大学,2007.

[27] Rossman L A, Brown R A, Singer P C, et al. DBP formation kinetics in a simulated distribution system[J]. Water Research,2001,35(14):3483-3489.

[28] Piriou P, Kiene L, Dukan S. Piccobio:a solution to manage and improve bacterial water quality in drinking water distribution systems[J]. Water Supply,1998,16(3/4):95-104.

[29] Gagnon G A, Ollos P J, Huck P M. Modelling BOM utilisation and biofilm growth in distribution systems:Review and identification of research needs[J]. Water Supply Research and Technology-Aqua,1997,46(3):165-180.

[30] Savic D A,Walters G A. Place of evolution programs in pipe network optimization[C]. Proceedings of Integrated Water Resources Planning for the 21st Century,Cambridge,1995:592-595.

[31] Goldberg D E,Deb K,Kargupta H,et al. Rapid,accurate optimization of difficult problems using fast messy genetic algorithms[C]. Proceedings of the Fifth International Conference on Genetic Algorithms,Urbana,1993:59-64.

[32] Nitisoravut S,Wu J S,Reasoner D J,et al. Columnar biological treatability of AOC under oligotrophic conditions[J]. Environmental Engineering,1997,123(3):290-296.

[33] Vrugt J A,Bouten W,Gupta H V,et al. Toward improved identifiability of hydrologic model parameters:The information content of experimental data[J]. Water Resources Research,2002,38(12):4801-4813.

[34] 王建平,程声通,贾海峰. 基于 MCMC 法的水质模型参数不确定性研究[J]. 环境科学,2006(1):26-32.

[35] Kapelan Z S,Savic D A,Walters G A. Calibration of water distribution hydraulic models using a Bayesian-type procedure[J]. Hydraulic Engineering,2007,133(8):927-936.

编 后 记

　　《博士后文库》是汇集自然科学领域博士后研究人员优秀学术成果的系列丛书。《博士后文库》致力于打造专属于博士后学术创新的旗舰品牌，营造博士后百花齐放的学术氛围，提升博士后优秀成果的学术和社会影响力。

　　《博士后文库》出版资助工作开展以来，得到了全国博士后管委会办公室、中国博士后科学基金会、中国科学院、科学出版社等有关单位领导的大力支持，众多热心博士后事业的专家学者给予积极的建议，工作人员做了大量艰苦细致的工作。在此，我们一并表示感谢！

《博士后文库》编委会